设计师的绿色流浪

巡游亚欧 10 国的永续设计

杨天豪 著

華中科技大學出版社
http://www.hustp.com
中国·武汉

图书在版编目（CIP）数据

设计师的绿色流浪：巡游亚欧10国的永续设计/杨天豪 著.
—武汉：华中科技大学出版社，2017.8
（时间塔）
ISBN 978-7-5680-2776-2

Ⅰ.①设… Ⅱ.①杨… Ⅲ.①生态建筑－建筑设计－研究 Ⅳ.①TU201.5

中国版本图书馆CIP数据核字（2017）第095948号

设计师的绿色流浪：巡游亚欧10国的永续设计
SHEJISHI DE LVSE LIULANG: XUNYOU YA'OU 10 GUO DE YONGXU SHEJI 杨天豪 著

出版发行：华中科技大学出版社（中国·武汉） 电话：(027)81321913
武汉市东湖新技术开发区华工科技园 邮编：430223

责任编辑：王丽丽 美术编辑：赵 娜
责任校对：贺 晴 责任监印：秦 英

印 刷：北京文昌阁彩色印刷有限责任公司
开 本：710 mm × 1000 mm 1/16
印 张：13.5
字 数：200千字
版 次：2017年8月 第1版 第1次印刷
定 价：78.00 元

投稿邮箱：heq@hustp.com
本书若有印装质量问题，请向出版社营销中心调换
全国免费服务热线：400-6679-118 竭诚为您服务

目　录

推荐序一　永续旅行作家传递拯救环境的希望／林宪德 ◆ 1

推荐序二　关心天下　胸怀万里／汪中和 ◆ 2

联合序荐　以绿色流浪，筑永续之梦／刘明环 蔡秀琼 朱慧芳 郭铃惠 陈荟茗 徐万成 林银河 ◆ 4

序言　在冰岛见证全球变暖的震撼 ◆ 6

第一章　亚欧 10 国的永续设计种子 ◆ 12

阿联酋迪拜 The Change Initiative 购物中心 ◆ 14

荷兰库伦堡永续生态社区 ◆ 22

荷兰阿姆斯特丹 GWL 生态社区 ◆ 30

丹麦哥本哈根赫德比加德生态社区 ◆ 38

瑞典马尔默生态社区 ◆ 44

瑞典斯德哥尔摩哈姆滨湖城 ◆ 52

芬兰赫尔辛基薇奇生态社区 ◆ 62

英国伦敦 BedZED 生态社区 ◆ 68

英国伦敦奥运公园 ◆ 74

法国巴黎隐匿旅馆 ◆ 82

第二章　传统建筑智慧见永续概念 ◆ 86

中东的传统建筑智慧 ◆ 88

苏格兰高地的传统建筑智慧 ◆ 94

地中海的传统建筑智慧 ◆ 100

北欧厨房的直觉哲学 ◆ 108

第三章　城市公共建设的永续思维 ◆ 110

荷兰鹿特丹的都市滞洪广场 ◆ 112
荷兰代尔夫特理工大学图书馆 ◆ 118
冰岛的地热运用与地热游泳池 ◆ 124
英国伦敦黑衣修士火车站 ◆ 126
法国巴黎盖布朗利博物馆 ◆ 130
法国的遮阳美学 ◆ 136
西班牙巴塞罗那大楼立体绿化 ◆ 146
西班牙巴塞罗那高迪巴特罗公寓 ◆ 150
意大利米兰垂直森林大楼 ◆ 156

第四章　换个角度思考都市更新 ◆ 160

英国利物浦的摇滚文创艾伯特码头 ◆ 162
我所体会的“毕尔巴鄂效应” ◆ 170
西班牙塞维利亚的都市阳伞 ◆ 180

第五章　亚欧 10 国的低碳公共交通设施 ◆ 186

城市新形象的公共脚踏车系统 ◆ 188
　丹麦哥本哈根的智慧单车
　瑞典斯德哥尔摩，西班牙巴塞罗那的孪生兄弟
　大不列颠的公共脚踏车形态（伦敦、利物浦、格拉斯哥）
　法国系统的单车形态（法国巴黎、马赛以及西班牙塞维利亚）
　意大利米兰的时尚单车
　迪拜的单车初试啼声
　荷兰的雨中单车体验
城市的公共电动车系统（巴黎、米兰） ◆ 202

结语　让别人自愿成为你的“股东” ◆ 206

推荐序一

永续旅行作家传递拯救环境的希望

台湾成功大学建筑系讲座教授　林宪德

这是天豪出版的第二本永续建筑旅游书，也是他请我第二次写序的书。我曾问他上本书的销路如何，他说销路还不错，这样出版社才会继续要他写书。这让我深觉天豪真是一个幸福又正向的孩子。

所谓幸福，就是在当今出版业长期不景气的时代，他所写的永续建筑旅游书，竟然受到欢迎而一再出版，这真的是无比幸福。他每次都快快乐乐地筹划旅行，拍摄记录沿途见闻的照片，以引人入胜的文笔，传达够专业的科普知识，也创造销路不错的书，人生幸福莫过于此矣。我鼓励他继续加油，希望他未来能成为一名伟大的永续旅行作家。

所谓正向，就是在地球前景不容乐观的背景下，他能对永续环境的议题情有独钟，孜孜不倦地传播拯救环境的希望，这就是一种正向的能量。也许我太执拗于当今环境被破坏的事实，悲观于人类延续优质文明的可能性，因此我只能写一些硬邦邦的专业书（难怪销路不好），而没有耐心去写这种我认为缓不济急的科普书；也许，我应放下我对人类文明的负向思考，学习天豪的正向思维才好。

我这一代是破坏地球的最大元凶，我因为深恶痛绝，所以养成了对环境悲观的思维。尽管如此，天豪这幸福又正向的孩子，已让我耳目一新。希望他们这一代矢志不渝累积正向的能量，成为挽救人类文明免于灭绝的种子。

2015 年夏

推荐序二

关心天下　胸怀万里

台湾地球科学研究所研究员　汪中和

2015 年 6 月，天主教教皇发表了通谕“愿上主受赞颂”，呼吁人类停止对地球自然环境的残酷掠夺，并要求进行伦理与经济的革命，以防止气候恶化，以及贫富差距的扩大。

这篇以环境为主题的宗教通谕，清楚地陈述了当今全球所面临的困难在于快速的气候变化、水资源的污染、生物的灭绝、生活质量的恶化、工业化社会与自然的脱节、对弱势群体的伤害，以及对环境问题的忽视。通谕也指出，人类面临的环境问题不只是科学、经济或政治议题，也是社会与伦理的问题。这个严重的环境问题之所以牵涉到全球享有特权的精英，是因为他们控制了世界上大部分财富，对自然环境过度开发，损耗了大部分资源，并使得广大地区的众多人口仍处于贫穷状态。

教皇方济各（Pope Francis）沉痛地提到，引发地球环境危机的根源就在人类自己，呼吁每个人都要在自己与自然的关系中承担起责任，以整体性思考与行动来确保未来的地球可以继续适合居住且可永续发展。他在通谕中直言，如果人类继续破坏地球环境，那么地球的反扑最终会毁灭人类。

这是梵蒂冈教廷首次针对世界环境问题发表措辞强烈的声明，也显示出当前人类所面临的问题十分严重与棘手。看看我们周围世界的现状，天气的变化越来越难以掌握，环境灾难的强度也日益增强。虽然世界上的许多灾害都不在台湾地区发生，但是气候异常变化的影响却像水波涟漪般扩散到世界各地，最后仍然会影响台湾地区每个居民的日常生活及未来发展。

因此，我们这一代人必须进行快速且全面的改变，以全新的思维来规划我们的居住空间与生活方式，不但要顾及人类自身的舒适、安全与防灾，还要考虑自然生态环境的完整，以及地球长远的未来。从务实方面看，低碳节能、资源充分回收利用、环境友好型农作、公平合理的经济活动，都是我们要重新学习的课程。

杨天豪先生长期关心地球的环境变化，并且愿意在这个时代的思维革命浪潮中贡献力量。他以景观设计专业出身，不但游历各国亲身感受气候变暖带来的可怕冲击，考察体验各国在环境保育议题上的努力实践成果，还归纳总结了他人的长处与经验，并以深入浅出的生动文字及精美的图片与我们分享。这一份真诚的心意让人十分敬佩。

爱尔兰的祷告文里有句话：“花点时间关心天下事，那能使你胸怀千万里。”处在这个快速变化的世界中，面对日趋激烈的气候变化与此起彼落的灾难的挑战，我们不但要好好武装自己，而且要以宽阔的胸襟、宏观的视角来关心和审视我们周遭的环境。愿这本书不但能丰富读者的思想内涵，还能激发出更多更有创意的行动。让我们一起携手去改变我们的未来吧!

2015 年 8 月 10 日

联合序荐

以绿色流浪，筑永续之梦

桃米村在历经转型、凝聚社区民众共识、朝向生态村发展的永续发展之路上，已走过十余个年头。天豪的这本书，让人们看见世界一些国家针对气候变化所做出的不同层面的努力，也让我们对桃米村未来的永续发展充满更多想象。

——南投桃米生态村前执行长　刘明环

天豪筑梦，喜爱旅行。他大跨步地赴海外参访、体验，借由永续设计概念的整合，努力就环境变化中关乎生态环境、建筑、生活美学等议题，提出建设性的见解，并撒下对环境友善的种子。这正是当代年轻设计师渴望新知的最好见证。

期盼这粒种子萌芽生长，造福更多的世代。

——老圃造园董事长　蔡秀琼

天豪是生态建筑领域的初生之犊，他以强烈的环保意识和超凡的移动力，带领大家去往不同的国度，一览异国永续建筑设计巧思。建筑设计思考影响百年环境，这本书值得所有关心环境、关心建筑的朋友细细品读。

——财团法人梧桐环境整合基金会执行长　朱慧芳

旅行是为了返家。

天豪在亚欧的绿色流浪之旅，以永续设计为题，字里行间饱含他深爱故乡、积极寻找绿色永续发展之路的热情。面对全球变暖，改变，无疑是我们共同的责任！

期待因阅读此书，“永续股份有限公司”将得以成立，你我皆为股东，加我加你，不断串联分享。天豪的绿色流浪之旅的下一站是：终点，中国台湾！

——高雄市加昌小学校长　郭铃惠

我们认为绿能的核心概念是尊重人与环境，如何让社区生活朝向永续的方向发展并兼顾环境与社区人文的自主性，是我们正在努力的目标，也是我们必须深刻思考的问题。《设计师的绿色流浪》提供了许多颇具启发性的案例，值得有志投入社区改变的行动者参考。

——苗栗海线一家亲环保协会发言人　陈荟茗

基于环境整合的“共好”理念，在各领域中，佐辅永续绿能设计，歌咏节能减碳生活。借由作者游历各国，分享不同城市在永续设计方面的努力与方法，令人更深入了解到永续设计层面的思考与多元化应用。让我们一起为打造永续环境贡献心力吧！

——云林县大埤乡三结社区发展协会理事长　徐万成

人类建造社会生活的环境，环境塑造人类生活的形态与轨迹。我们要过怎样的生活，就必须打造怎样的环境。

天豪的这本书所展示的他在永续设计、本土智慧、空间规划、都市更新及地方治理方面的观点与见解，都是值得深入思考的议题。他如此年轻便以埋下“思考永续环境”的种子为己任，并期待每个人都能成为打造永续环境的“股东”。我们也期待他能深入社会各个角落，扛起更重的担子。

——社团法人宜兰县苏澳镇港边社区发展协会理事长　林银河

序言

在冰岛见证全球变暖的震撼

GPS: 64.069777, -16.21215

我在冰岛，见证全球变暖

我再次背起背包，开始第二趟绿色流浪之旅时，正值台湾地区为了核四议题争论得不可开交的四月天，有关当局与走上街头的人们两相对峙，没有共识。然而毫无悬念的是，无论台湾地区将来的能源选项为何，我们都将面对“气候变迁，全球变暖”背景下的生活方式改变，没有人可以置身事外。

与其被动地当一个抱怨者而没有任何作为，我更渴望看见世界各地的努力，希望我们未来的环境能因设计而变得更美好。

为什么选择再一次背起背包，踏上另外一段为期四个月的旅程？在旅行的每一天我都不断问自己，直到我踏上冰岛，才找到了这个问题的答案。

冰岛不愧是“火”与“冰”共存的化外之地。在这个位于欧洲与美洲板块交界的岛国，壮阔多变的火山地形以超乎尺度的造型绵延在环岛公路旁，地图上那几座长年冰封的山头，即便夏日眺望，仍然呈现一片雪白。

在冰岛东南方长年冰封的山脚下，有一处近百年间随着全球变暖而形成的冰河湖。从照片上看，湖面上冰排接踵，光是想象都觉得寒气袭人，但未曾想到，其实并非如此。

远眺冰河

第一次，覺得自己離全球暖化這麼近！

冰山一角

当地气温大约为 10℃，为什么湖中还会有大片浮冰呢？原来是千年冰河的紧密结构，让这些浮冰比普通冰块更为结实，此刻成为景点的冰河湖，就源于远方山上那条冰河融化流下的巨大冰块；而湖水，就是这些冰块的最终归宿。

冰河浮冰的颜色纯净，白色中泛着淡蓝，晶莹无瑕；冰河浮冰呈岛屿形、山形，其形状多变。近看，每一块浮冰都是一个世界；远观，冰岛地图上终年不化的冰山主峰巍然屹立。搭乘水陆两栖船靠近浮冰，瞬间深感自己竟是那么渺小，我陶醉于大自然造化之美的同时，联想到这些庞然大物即将慢慢融化成身边的湖水，一种忐忑之感油然而生。

当我站在浮冰旁的小丘上，放眼观望这片壮阔水域时，远远地就能看见那条冰河的退缩线。我真不知道若是日后有一天我再来时，远方冰河的边界将会后退到哪里去！

有太多事情，我们以为它很远，似乎与自己无关，因此依然故我，无动于衷；但当它就在眼前真实呈现时，我们才不得不承认，全球变暖正在发生！这一刻，我终于明白，也更加坚定了自己此行的信念，即使面临艰难险阻亦不改初衷。

通过这本书，我想与读者一起分享更多在旅途中所体验过的永续设计人事物，让这些散布在世界每一个角落的种子转化为更多鼓励人们改变的力量，让人们更加谦卑地对待环境与土地，让环境能因为设计而变得更美好。

冰山一角

换个角度看，融冰更明显

远方的冰山逐渐融化成眼前的水

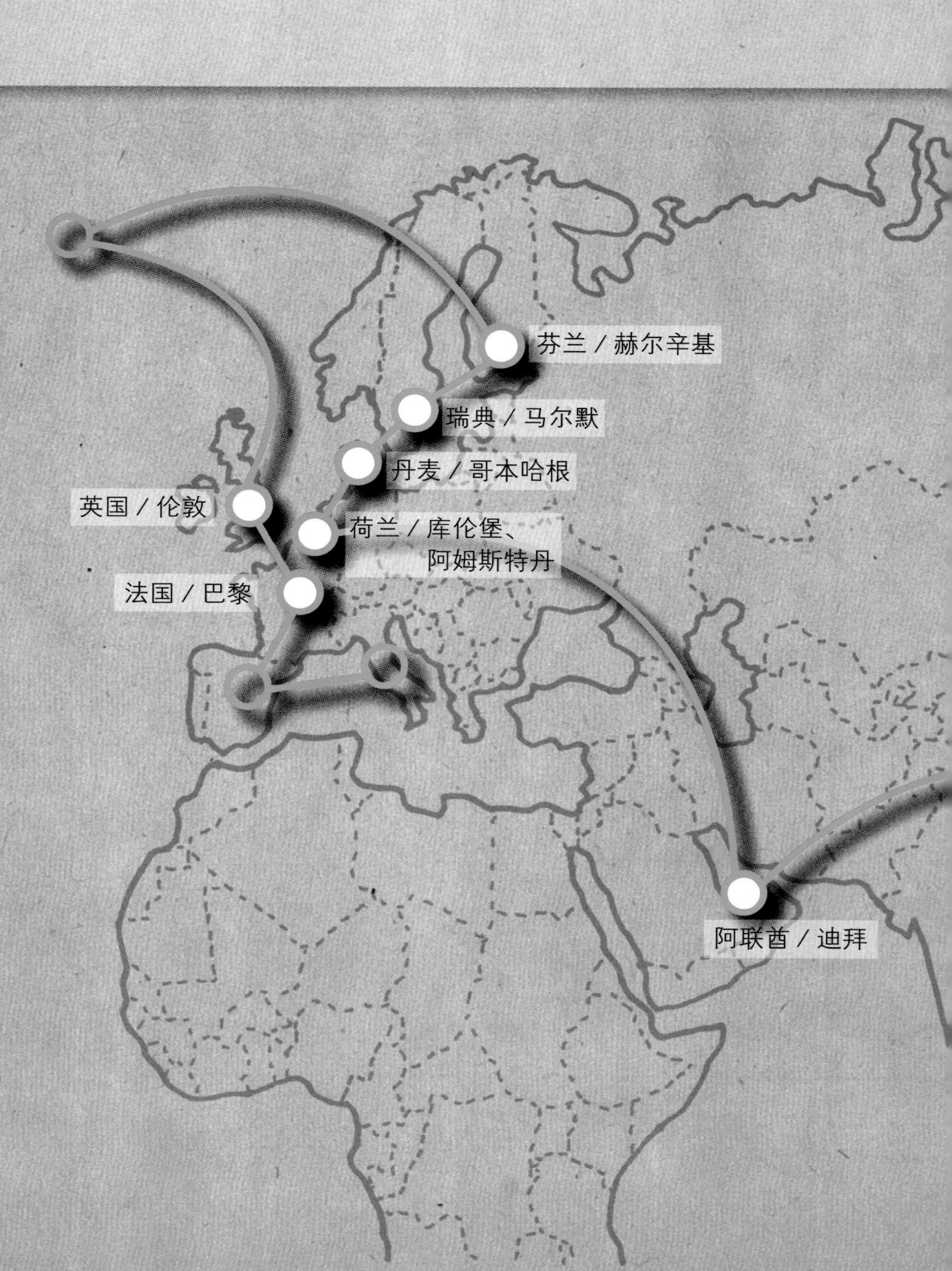
芬兰 / 赫尔辛基
瑞典 / 马尔默
丹麦 / 哥本哈根
英国 / 伦敦
荷兰 / 库伦堡、
阿姆斯特丹
法国 / 巴黎
阿联酋 / 迪拜

第一章

亚欧 10 国的永续设计种子

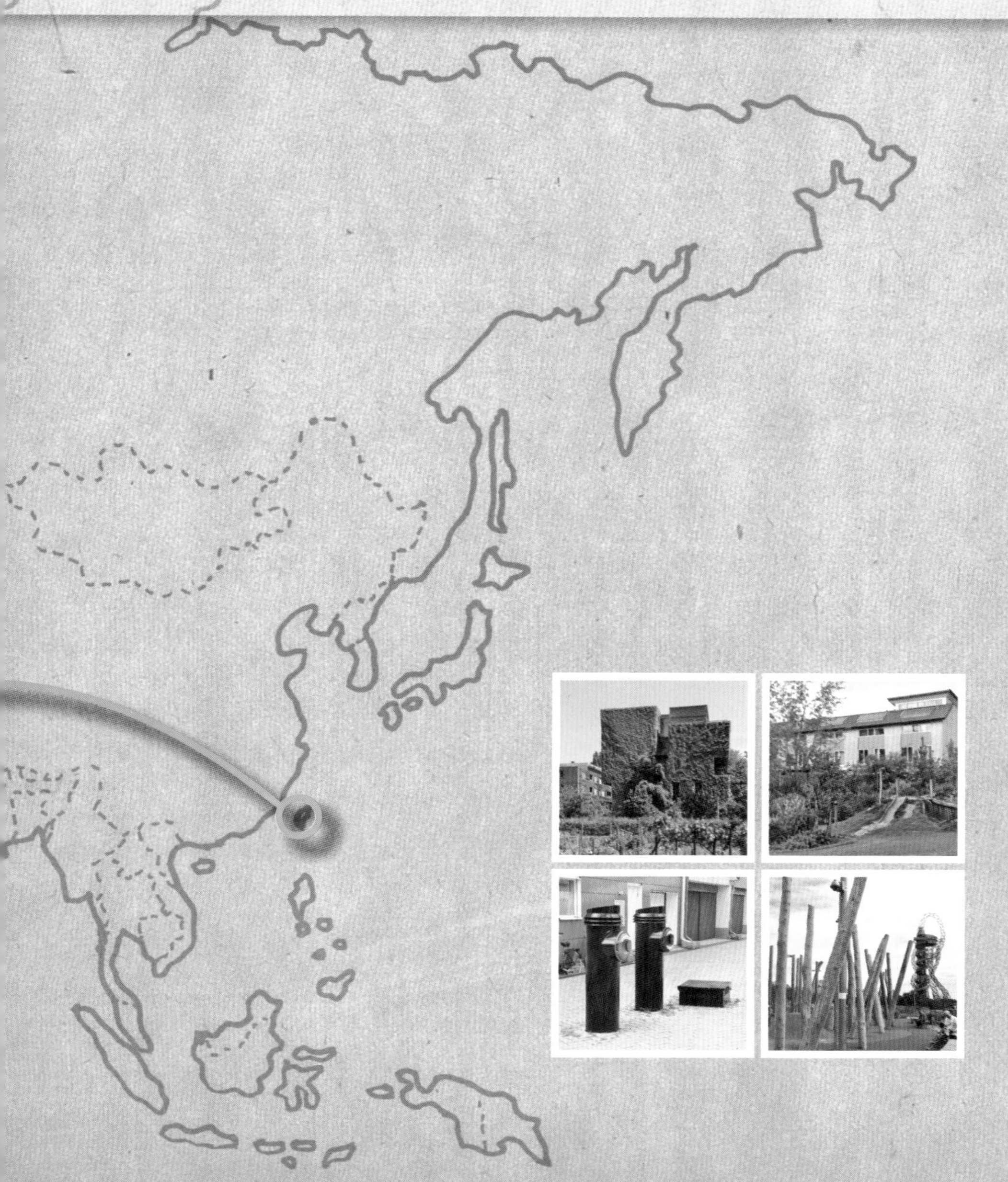

阿联酋迪拜
The Change Initiative 购物中心

GPS: 25.108020, 55.183000

The Change Initiative
购物中心外观

迪拜，这座用大把钞票堆砌而成的阿拉伯世界门面，有极尽奢华的饭店，有与海争地的人工岛，有傲视全球的摩天大楼。在沙漠上，似乎没有什么不能做，只怕不敢想。

但是，能这样无止无尽、挥霍无度地发展吗？

似乎，迪拜也开始有人反思这样的问题，而且已经化成行动，默默地为这片沙漠，带来不一样的思维与革新，希望人们的生活不再只是追逐金钱，也能思考环境与土地的价值，将环境教育的种子，播撒在下一代阿拉伯儿童的心中。

The Change Initiative 购物中心，是目前全世界 LEED 得分最高的商业绿色建筑。对比迪拜其他地方的发展模式，这里我所看到的一切，像一个极力想要形成涟漪的小水滴，努力告诉沙漠的子民们不一样的未来。

基本上，这座购物中心从建造到所贩售的产品，全都是以永续设计概念与有

LEED

LEED（Leadership in Energy & Environmental Design Building Rating System）是一套由美国绿色建筑协会创立，用来评价绿色建筑与环境的工具。主要的目标在于：在设计的前期阶段，能通过引导，有效地减少对环境开发和既有住户的负面影响。

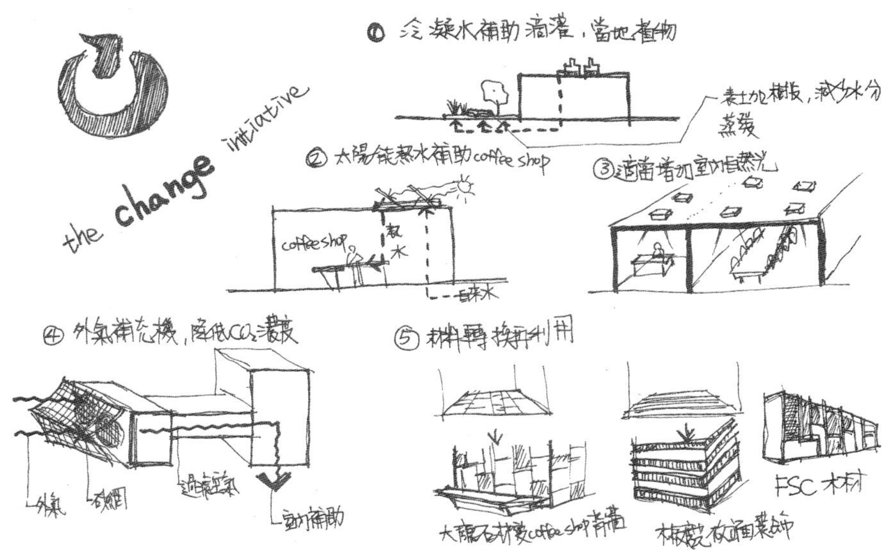

购物中心设计策略手绘

机生活的落实为出发点。在每一个可以执行的细节，都极力整合设计美学与实用性，试图让迪拜人通过体验感受不一样的生活方式。

简单来说，可以归纳出五个重要概念。

太阳能提供咖啡厅热水

购物中心一楼的咖啡厅，是一个让人们在购物之余，可以放慢脚步，体验绿色生活的放松空间。其中，它的特色之处在于如何更有效率地利用太阳能。

咖啡厅要泡出一杯杯香浓的咖啡，需要大量的热水，而加热设备又是能源消耗的主因。这座购物中心的咖啡厅，在屋顶铺设太阳能板，利用沙漠的艳阳，不是用来发电，而是直接用来加热自来水。阳光充足的白天，正是咖啡厅的营业时间；夜幕低垂的傍晚，咖啡厅也跟着歇业。

利用太阳能直接加热水，间接减少传统能源的消耗，是一种易于接受的减碳手法。

太阳能板提供咖啡厅热水

迪拜原生种植栽入口花园

植栽用水来自空调冷凝水

购物中心的户外入口处设计了一处贴心小花园，利用在迪拜一般建筑物外很难看到的盎然绿意，为繁忙的都市提供了放空角落。这里的植栽刻意选择阿拉伯地区当地原生种，目的是提醒前来购物的人们，别忘了留意生活周遭的美好。

小花园的日常浇灌，主要采用滴灌系统，这样可以更精简地控制用水量。对于干热的沙漠气候来说，这点非常重要。滴灌系统的水源，利用的是空调设备的冷凝水，将购物中心因为空调运转降温所循环利用后的水，做另一层面的利用。

另一个适应迪拜干热气候条件的策略，就是在植栽区表土上铺满树皮，有效减少水分蒸发。

有效利用太阳光，减少照明

为了有效减少办公室空间白天的照明需求，这座购物中心重新分配使用空间，结合天花板的分割系统，在屋顶做适当的开口，有效导入自然光，并且通过导光板来调节自然光强弱。尽管听起来很平常，但是当我知道这栋建筑物其实是由既有建筑改建而来以后，就更加对设计者一开始的用心感到佩服。

室内空间配合屋顶设备加强自然采光

电话簿切割转换成艺术吊灯

大厅石材地板再利用成为石材墙面

看似无用的废弃材料

废物变艺术品

因为是旧建筑的改建，难免会拆掉许多原有装潢，最吸引我的其实是所有废弃物回收的美学巧思。

原本建筑物的大厅石材地板经改造变成咖啡厅的背墙，与周遭设计融为一体，不特别提醒根本不会知道；电话簿经切割，成了吊灯的有趣装饰。

收集起来的废弃计算机的主机板和键盘，成了墙面上的拼贴壁画，让废弃物变成了有意义的艺术品。

走到门口，就看见了那张利用六角螺丝和螺帽焊接而成的造型艺术椅。这座购物中心的许多细节，都让我看见他们的想象力与执行力。

环境教育向下扎根

默默等待众人自觉改变是不够的，需要更积极分享来争取认同。借助分享的力量，购物中心极力与当地学校合作，举办孩童的户外教学，或假日的学习活动，结合经验丰富的导览解说和推广课程，让更多迪拜人找到因应气候变化的生活之道。

踏进购物中心之前，我知道必然会有所收获，但是走出购物中心之后，却是喜出望外，满载而归。初来乍到的我，不过随口一问，没想到却得到 Edume Gil 女士将近两小时的专人解说，由此可见他们乐于与人分享丰收成果的态度。

转换成为墙面的拼贴壁画

六角螺帽造型椅

六角螺帽造型椅特写

对比纸醉金迷的迪拜印象，这里仿佛是沙漠中的绿洲。我不知道这座购物中心背后的金主是谁，但是感受过他们的努力，以及想要传达的理念，我确实感受到更多正面能量。

望向购物中心外墙上醒目的绿色扭转箭头，我更加真切地明白这座购物中心所扮演的角色。奢华迪拜想要改变，而这总得有人开头，难道不是吗？

道路分隔着大楼与黄沙

荷兰库伦堡永续生态社区

GPS: 51.946739, 5.227162

社区小单元的公共花园

库伦堡（Culemborg），位于荷兰第四大城乌德勒支（Utrecht）南边的一个小镇，早已是国际知名的永续生态社区。亲自走一遭体验，果然名不虚传。

谈及“永续生态社区”，在这趟旅行之前，我刻板地认为会是一个规划完善，一切在创建之初就已设想周到，人们只要按照“某种”模式生活，就可以比一般人更容易达到与环境和谐共处的居住模式。

亲身体验令我大为改观。事实上，再多的设计概念与科技辅助创造出的永续生活都只是外壳。真正重要的是，住在这里的每一个人都从心底认同“利他，与环境共存”的价值，并且愿意共同维持，那才是“永续生态社区”在本质上得以持续运作的原因。

踏出火车站，传说中的社区，伴随着几栋绿色屋顶的住宅映入眼帘。行进间，碰到几个十岁左右的孩子，我向他们询问这个社区的历史时感触颇深，因为我看到他们一脸狐疑，听到他们异口同声地回答：“这里一直都是这样啊！”

该计划从 1994 年开始，在荷兰环境部“住宅与空间计划”的鼓励与支持下，推动永续住宅的发展。而该社区就是在这样的时代背景下，由一群有识之士从无到有打造而成的，这种努力已经持续了二十多年。

库伦堡风车印象

大多数人所追求向往的生活，却是这群孩童与生俱来的价值观。对在永续生态社区中长大的他们而言，这已成为一种生活态度。对他们而言，永续生活不是本该如此吗？

这里的人很热心，因此我的探索策略以聊天为主轴展开，为了听到更多社区故事，只要有人在家门口，我就上前攀谈，若我的问题无法解答，居民也会请我再去拜访更资深的住户。通过一次次登门拜访，累积不同住户的生活经验，基于当地人的日常生活，建构我对社区的想象拼图，再和我已知的信息做对比验证。

整个社区观察下来，由大到小可以归纳整理成五个要点。

善用环境心理学的社区单元

社区由数个不同的社区单元组成，分成向心式与排列式两种，每一个单元由十几户人家组成。每一家都有自行管理的小花园，社区中央也有一个公共花园，

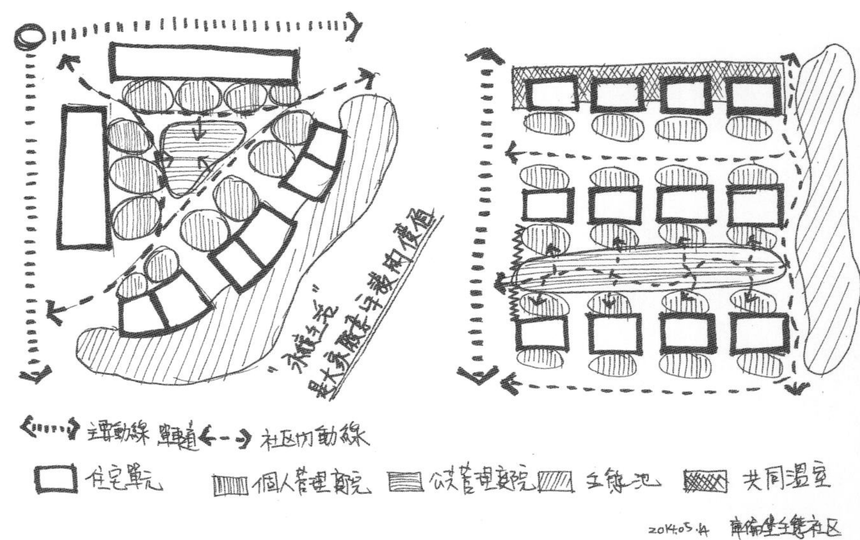

库伦堡生态社区空间配置

提供共享的景观休憩设施，由社区居民共同维护。公共花园与各家花园之间没有明显边界，因此整体看来就是一个大花园。对于喜欢花草的荷兰人来说，这片开放空间的大花园简直是他们的创意实践基地。不同社区单元有不同风格，既有温馨户外暖炉花园，也有孩童游戏乐园和有质感的社区座椅，全看住户如何绞尽脑汁、大显身手。

为什么住户都乐于共同维护社区花园呢？其实是利用了环境心理学的小技巧。当私有领域与公共领域的边界不明显，不是完全封闭的状态时，人们会与大花园有更密切的互动，自然人们也会更愿意付出心力维持。也因为规划之初保留了弹性，才能够让社区的每一个小单元都呈现各自的特色。

家庭污水的处理和中水的再利用

社区里很重要的是“污水净化处理”机制，它能有效减少社区水资源需求，并创造视觉景观。在社区中央有个自来水公司，除了提供干净自来水，也负责回收处理污水，经过净化后再通过管线分配，提供给各家做庭院浇灌用水。

家庭洗澡水和冲马桶的污水排出后，通过FWS人工湿地净化系统可实现水质净化（台湾地区许多大学也有类似的水质净化实例）。社区景观空间的整体规划

FWS（表面流动人工湿地净化系统）
表面流动人工湿地净化系统（Free Water Surface System, FWS），是指水面高于土壤，可以看见水在流动的人工湿地系统。因为简单好操作，且与自然湿地较为相似，加上在水质净化过程中可以同时种植具观赏性的水生植物，所以是最广泛应用的人工湿地形式。

环绕社区的生态池塘

配置让前期有气味的污水净化池远离住宅区，再将完成净化处理的水同时兼做景观生态池用水，创造生物栖地环境，之后由自来水公司通过管线统一收集再利用。

建筑物的外壳保温

建筑的“外壳保温”是温带国家的重要节能手段，能够有效防止室内的热量外流，从而减少暖气设施的能源消耗。社区中可以看见部分成排的房子会在外共同包覆一个大玻璃温室。这么做不但让建筑室内温度控制在一定范围内，而且可以创造出楼与楼之间的半户外空间，不仅可作为孩童在天气不佳时的游戏场，也可作为植物生长的绝佳环境，有效净化空气。

建筑物的室内采暖

如果说外壳保温已经为降低暖气需求创造有利条件，那么采用“室内采暖”的节能措施便可说是锦上添花的积极作为。在社区中，室内采暖的节能措施主要通过三种方法。

大温室的外壳保温

其一，暖气或热水部分来自于屋顶太阳能板提供的电力。

其二，自来水公司抽取深层地下水的水温大约为 15℃，普遍高于冬天气温，因此热能可以转换后再卖给社区居民。有需要的家庭可以另外购买设备来增加暖气供给。

其三，综合上面两种方法，室内热水管线会在墙壁夹层内迂回铺设，这样水在流动的过程中，墙壁也会升温，从而提升室内的温度。

社区永续生活小巧思

社区中，每一家都能看见不同巧思。例如，在建筑外墙铺上类似羊角村屋顶的芦苇，不仅造型独特，还能保温。在车棚等附属空间，屋顶都会以简易的防水布为底，覆盖泥土与草皮做成绿屋顶，收集的水再直接引管到自家花园。由于家家户户都有雨水回收桶，尤其部分温室玻璃屋顶的房子，更能通过大屋顶，提高收水效率。每一家后院都有厨余储存桶，厨余垃圾被用作堆肥原料，而这也是社区每一户家庭的基本配备。

羊角村

羊角村位于荷兰西北方，最著名的特色是交错纵横的水道，搭配芦苇屋顶的矮房，因此又有“绿色威尼斯”之称。在当地土壤贫瘠的条件下，“泥煤块”是少有的资源。为了挖掘泥煤块变卖，居民不断向下开凿土地，形成狭长沟渠。后来，为了方便行船和运送物资，拓宽了沟渠，形成今日所见的美景。当地土壤贫瘠，植物生长不易，只适合芦苇等少数植物生长，因此当地的屋顶多以芦苇为建材，于是形成了今日一幢一幢的特色小屋，与水道交相辉映。

斜屋顶的太阳能板

双层墙壁中的自来水管线

创意来自羊角村的芦苇外墙

家家户户的绿色屋顶

有质感的户外暖炉

不同的巧思，在社区的不同角落出现，这也是社区不断给人惊喜的原因。规划设计在建构框架之后，允许居民们绞尽脑汁，为了实现更好的永续生活而不断进行尝试，让社区的永续思维能够不断与时俱进。

社区居民一个接一个的帮助，让我在库伦堡生态社区的旅行观察，像剥洋葱一般循序渐进，慢慢发现社区运作模式的核心。当我最后有机会拜访计划的创办人玛琳•开普敦（Marleen Kaptein）女士的家时，已经没有太多疑问，只是内心充满无尽感谢。开普敦女士微笑着对我说："希望我们的观念可以让你有所感悟，为你自己的环境找出永续之道。"

永续环境是什么？在库伦堡我体验到不一样的思维。其中，最重要的部分是，生活在这里的每一个人，都有愿意为保护地球环境多做一点努力的态度和用心。

永续环境的概念，是这里所有人的基本思维，并且行之有年；与之相对的是，很多事情尽管我们都知道，却仍然束手束脚，裹足不前。

好的观念应该像一颗颗种子，在每一个人心中发芽，只有这样，才能够靠团体力量做出改变。这是旅行至库伦堡所得到的最大启发！

荷兰阿姆斯特丹 GWL 生态社区

GPS: 52.383182, 4.868640

传承记忆的自来水塔

百年以前，在阿姆斯特丹市区西边，曾经有座自来水厂，为阿姆斯特丹的居民们提供干净水源。如今，沧海桑田，自来水厂早已移往他处，但是这片土地却并不荒芜。

从 1989 年开始，配合着荷兰的住宅福利政策，废弃的自来水厂摇身一变，成为今日全球社会住宅典范 GWL 社区。

其实，上网搜寻关键字“GWL 社区”便会清楚地发现，对于台湾地区的相关负责人来说，这个社区绝不陌生，因为他们几乎都曾经到过这里参访考察。

事实上，对于“社会住宅”在台湾地区推动的可能性，相关人员心中想必都有些蓝图。但是，要用什么样的“语言”来和民众沟通讨论，要用什么样的“态度”来对待我们的土地，那是另一门功课。

这就是我想亲自走访这里的原因。其实 GWL 社区有许多层面都可以仔细剖析，无论是环境整合的策略、历史建筑的活化，抑或社区本身与周遭街廓的联结。我希望通过自己的体验，尝试用更简单的描述，让人们对于社会住宅与环境整合的可行性，有不同层面的认识。

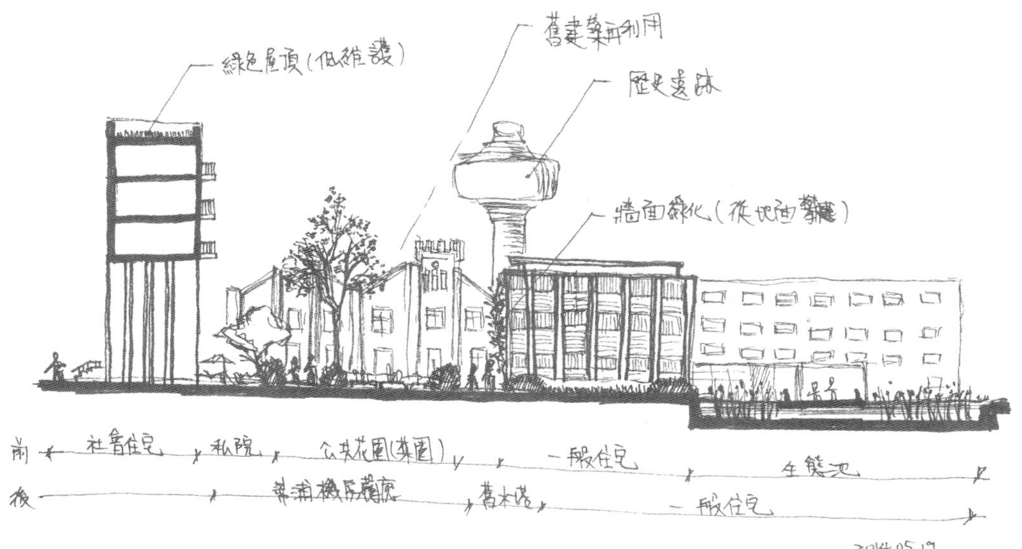

GWL 生态社区空间配置

空间配置的包容性

GWL 社区能成为典范，最大的原因是“兼容并蓄”。社会住宅不是一个独立存在的个体，而是融合私人住宅的综合社区。

在这里最明显的感受是根本无法用眼睛去分辨社会住宅和私人住宅。建造质量好，让整体外观看起来和谐，没有偷工减料、便宜行事的刻板印象。通过景观设计的整合，大家生活在共同的公共空间，没有藩篱。

和这里的居民聊天，最为当地人津津乐道的，就是社区规划搞得好，不但没有拖垮周边房价，反而连带使得附近房价小幅上涨。看他们眉飞色舞地描述着，我明白了：居住在社会住宅里的人保有尊严，周遭居民的环境质量也跟着改善，这就是 GWL 社区成功的原因。

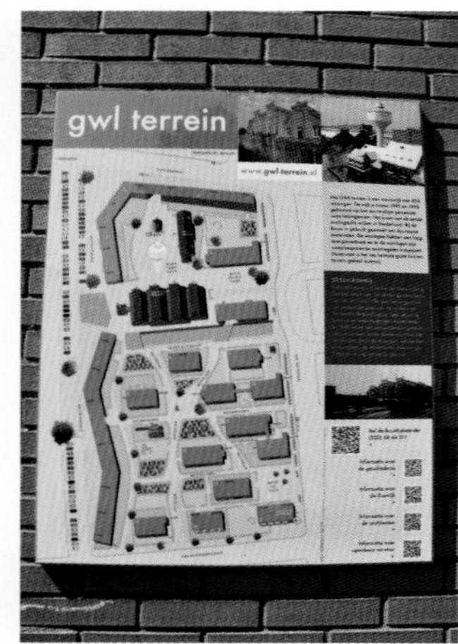

GWL 社区平面配置说明

旧机房改建餐厅

住宅群落的配置原则

规划之初衷是让整体空间更为活用。对楼层数较高且户数较多的社会住宅，采用大楼形式，配置在社区西北侧，其他各户私人住宅则穿插在社区东边区块。这样一来，上午的时间，整个社区都可以充分享受日光；到了下午或傍晚，又可以利用社会住宅的大楼制造阴影，为中央的开放空间创造相对舒适的活动环境。

整体来说，通过这样的空间布局，能够有效减少车辆噪声，为社区保留完整而高质量的景观步行空间。因此，社区的强烈共识就是要创造“无车环境”，而街廓外的轻轨车站则与社区多处动线联结，方便居民搭乘。至于成为配角的私人汽车，在整个社区中，只剩下西侧边缘的小小停车空间。

自来水厂旧建筑改造

记忆的传承，是一把穿越时空的钥匙。GWL 社区的前身是自来水厂，这样的历史痕迹，即便经过都市更新的改造，仍然保有印记。

社会住宅大楼一景

临生态池畔的用餐区

白色水塔，再次刷上了崭新白漆，醒目地矗立在社区北边，增加社区的辨识度。抽水泵的机房，不再轰隆作响，巧妙地留下原有机具，室内空间也摇身一变，成为带有机械风的餐厅，紧邻着一旁的生态池，对外营业。

很贴心的是，餐厅不只提供餐点，更是 GWL 社区的最佳代言人。对于慕名而来、想要更了解这个社区的外地人，餐厅备有不同语言的历史简介，由服务生免费提供给需要的客人。

以餐厅为活广告，为社区内外的人提供一处交谊场所，不但能持续与外人分享社区的改造经验，也能为社区带来收益，还能有效活化古迹，可说是一个三赢的运营模式。

开放空间开辟成露天农园

GWL 社区的开放空间，提供了社区居民宽阔的步行空间。社区中央的部分区

社区露天农园

域被规划成露天农园，提供给社区居民划分认养，自行种植果菜花卉。对于喜欢花草的荷兰人来说，这些不必砸大钱的小空间，反而是他们最喜欢的“公设”。

墙面绿化

荷兰好多的建筑物墙面都爬满藤蔓，GWL 社区当然也不例外。建筑物的立面紧靠着公共花园，因此爬藤植物能够从地面一路攀爬，覆盖整面墙。

爬藤植物能够如此茂密，是经年累月从土壤慢慢生长攀爬的结果，因其所需养分来自土地，所以并不需要刻意维护。相比之下，台湾地区现在很流行的绿墙，表面上标榜是一种绿色的象征，可是大多业主不愿意多花成本做维护和管理系统，于是间接创造出一堆塑胶壳，塞着一盆一盆的小植栽，实际的固碳效果有限，额外耗用的资材反而又贡献出更多的二氧化碳排放量。

墙面绿化

过去积累的工作经验，让我慢慢有这样的反思。此刻看到 GWL 社区对于墙面绿化的态度，更深深觉得我们某些观念也要与时俱进地调整。

对于维护公共环境的巧思

社区对于养宠物的人，有个贴心小设施，在紧邻树丛的步道周边，都会设置可以清理排泄物的清洁袋抽取箱。这样一个令人“会心一笑”的公共设施，对于养宠物的人来说，遇到“紧急情况”绝对非常有帮助。

对于社会住宅与环境整合，GWL 社区用它二十多年来所累积的经验，告诉世人不一样的可能性。这不是天翻地覆的改变，而是历史脉络的延续；这没有收入差距的藩篱，只是兼容并蓄的见证。来到这里，其实学到最多的不是设计手法，而是领悟到一种信念，感受到一份价值。如今，我只是试着把那份感动，尽我所能地简化，与更多人分享。

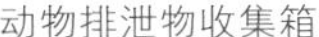
动物排泄物收集箱

动物排泄物清洁袋取放处

丹麦哥本哈根赫德比加德生态社区

GPS: 55.668910, 12.544633

赫德比加德生态社区外观

仿佛是一场创意竞赛，大家使出了浑身解数，让一座经过都市更新的住宅社区，变成了永续生活的典范。

在哥本哈根市区西边的赫德比加德（Hedebygade）社区，经过 1994 年由政府选定的都市更新计划改造后，成为哥本哈根市区朝向永续生活环境发展的标杆。整个计划由市政府、都市更新公司、设计团队联手打造，集思广益，把诸多替代能源应用在住宅社区中的新点子，做了一次试验性的尝试。

因为旅行中走访过类似的社区，也有一些经验，所以我继续沿用“荷兰模式”，通过不断和当地居民聊天，然后把话题切入到能否参观他们家，又或者能否推荐我去认识其他邻居的家。经过一整天锲而不舍的努力，成果丰硕，让参考资料与实际感受有了充分的对照。

同样是都市更新，哥本哈根采取的方式不是拆掉重盖。社区外围立面依然保持和周遭社区的一致性，不做更动，但是面向中庭的内侧立面，多了千变万化的改造魔法。

赫德比加德生态社区鸟瞰

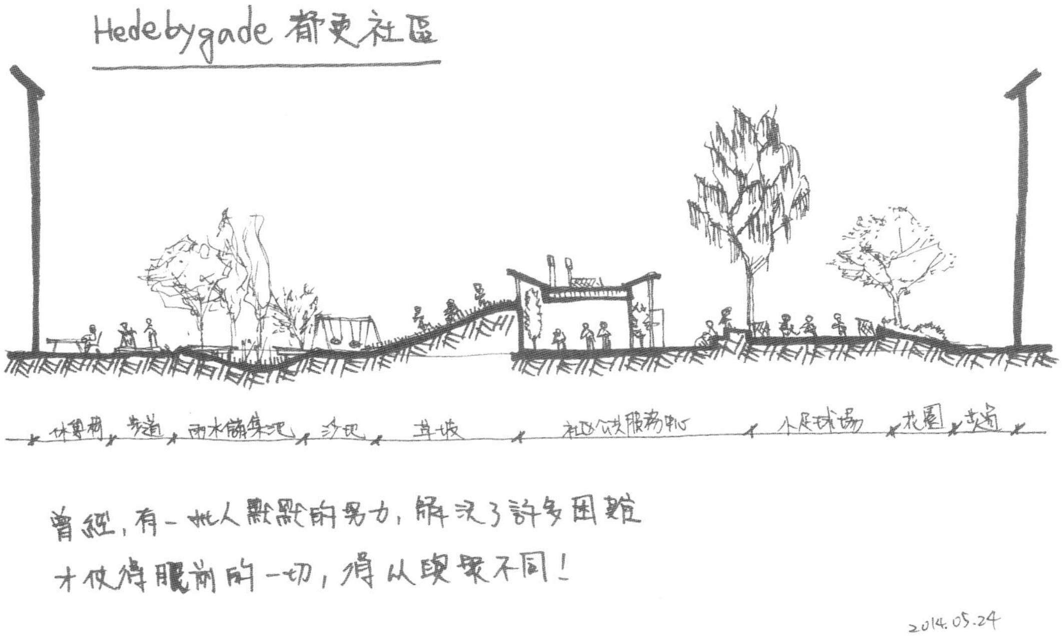

Hedebygade 都更社區

休憩椅 步道 雨水蓄集池 沙坑 草坡 社区公共服務中心 小足球場 花園 步道

曾經，有一批人默默的努力，解決了許多困難

才使得眼前的一切，得以與衆不同！

2014.05.24

社区空间剖面手绘

太阳能板的多元利用

赫德比加德社区改造最大的特色在于太阳能板的多元使用。据当地居民描述，当年设计团队依照每一栋住宅的特性，提出各种方案，再由政府和都市更新公司与住户协调；在政府补助，以及住户负担部分费用的情况下，进行整体改造。因为讨论，所以多元，这也是为何整体社区改造后，有的住宅变得很有未来感，但仍然有部分住宅维持原样。

社区之中，太阳能不只作为屋顶集热发电的工具，最大特色是通过设计整合，与建筑物立面一并思考。因此，在这里才能看见太阳板作为阳台立面材料的奇景。

最有趣的一项阳光运用，是利用“棱镜反射”原理，通过调节与阳光的角度，将阳光导入每一层楼的厕所区域，增加亮度，减少灯具使用，概念与诺曼·福斯特（Norman Foster）设计香港汇丰银行大厦的光线调节板很像。当然，毕竟这是颇

屋顶追光器

太阳能板结合阳台立面

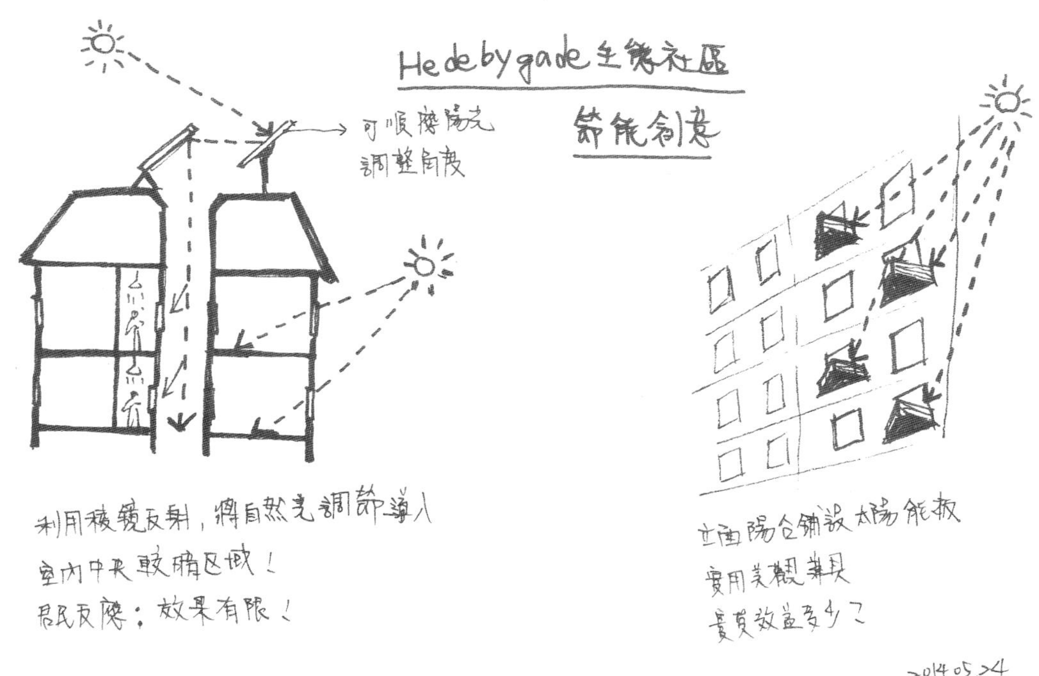

社区节能创意手绘

具试验性的想法，因此在我参观过居民的住宅后，发现底层的采光效果仍然不佳。对全栋居民来说，这样的改造有随着楼层数增加而满意度增加的趋势。

社区中央的欢乐天堂

除了建筑物改造，整个社区中庭设计的大调整，也使社区呈现出焕然一新的面貌。新设计给社区增加了很多户外活动的空间，也让孩子们有一处充分玩乐的游乐园。

户外中庭中有一栋被土丘埋覆的地景建筑，是社区聚会的公共空间，与户外广场相连。除了作为社区活动举办地，内部也设有洗衣房，平时社区居民可在这里洗衣服。洗衣机运转产生的热量，甚至可以用来让室内空间变温暖。

与地形结合的社区公共空间

社区中庭的玩乐草坡

草坡结合滑梯

上方土丘地形变化丰富，为孩子创造出有趣的游戏空间，无论是足球场、小沙丘、秋千，还是顺坡而下的滑梯，都让大人与小孩有一个快乐的玩耍空间。

旋转大楼一景

住宅后院临运河畔一景

会带我进家中参观，或是帮我找到另外可以解答的人。如此误打误撞反而得到更多意外收获。

当地一位住户，对于我的发问非常耐心地解答，到后来甚至直接邀我上他家屋顶，给我讲解这个区域中不同类型的开发项目。他家的住宅单元，是 2001 年欧盟推动“马尔默示范计划”的第一批住宅。家家户户临运河兴建，特色在于每一栋建筑都采用不同样式来设计，是一个示范区。对我而言，这是很难得的经验，因为身在其中，才能明显感受细节，才能有更深入的了解。

持续用这样的方式与居民互动，找到了社区的“关键人物”。一位先生很想帮我，但是他说不出具体内容，为此立刻打电话给他的邻居。说来竟有如此巧事，那位邻居刚好是十几年前马尔默计划团队的成员之一。有了她的解答，当我再次看见社区的每一处角落时，仿佛被打通了任督二脉，有了全然不同的见解。

“全再生能源”的运作模式

马尔默生态社区中的“全再生能源”使用，包含太阳能发电与地热发电两种。

在社区建造之初，大部分屋顶已设置太阳能板，但是不属于住户个人，所产生的电力统一由电力公司配送，维修与更新也一并由电力公司负责，这样的发电比率占整体的 15%。另外 85% 则来自于地热，作为社区大部分的能源满足所需。

除此之外，社区外围的停车场也有利用太阳能和风力发电结合的造型特殊的充电站，提供电动车充电所需。

垃圾储存系统

瑞典有傲视全球的统一垃圾储存系统，通过管道真空吸取让家家户户的垃圾可以就近分类丢弃，然后集中处理。亲自走访这里，最大的收获是，看见他们把厨余和垃圾处理之后所产生的沼气（甲烷）作为市区巴士的燃料供给，将资源进行最大化利用。“从摇篮到摇篮”，不再只是难以想象的国外文献，身在瑞典，我深切感受到概念的具体实践，深刻感受到原来瑞典走在那么靠前的位置！

电动车再生能源充电设施

垃圾储存系统

甲烷公交车

社区中的水路系统整合景观设计

对水的处理，是这个社区最有趣的设计之一，可以分成内外两个层面来探讨。

社区外围的运河，水源来自于抽取的海水，围绕在社区外围，作为休憩与调节气候之用，并以喷泉形式在旋转大楼之前的水域喷出，再利用地形落差创造流瀑效果，让水最后从港口流回大海。

社区从内到外的雨水回收处理过程，是社区所有设计中的经典，与社区的开放空间和美学装点做了完美结合。社区中段通常是最高点，依照不同水路分布，会搭配休憩设施并设计生态景观水池。露天水沟统一收水，顺坡缓缓向运河流动，沿程也会与各住户的屋顶排雨水管相连，一并收集。在社区的开阔区域，水沟会再次变成生态池的形式，搭配密集多样的水生植物创造绿意。最后，再以生态池

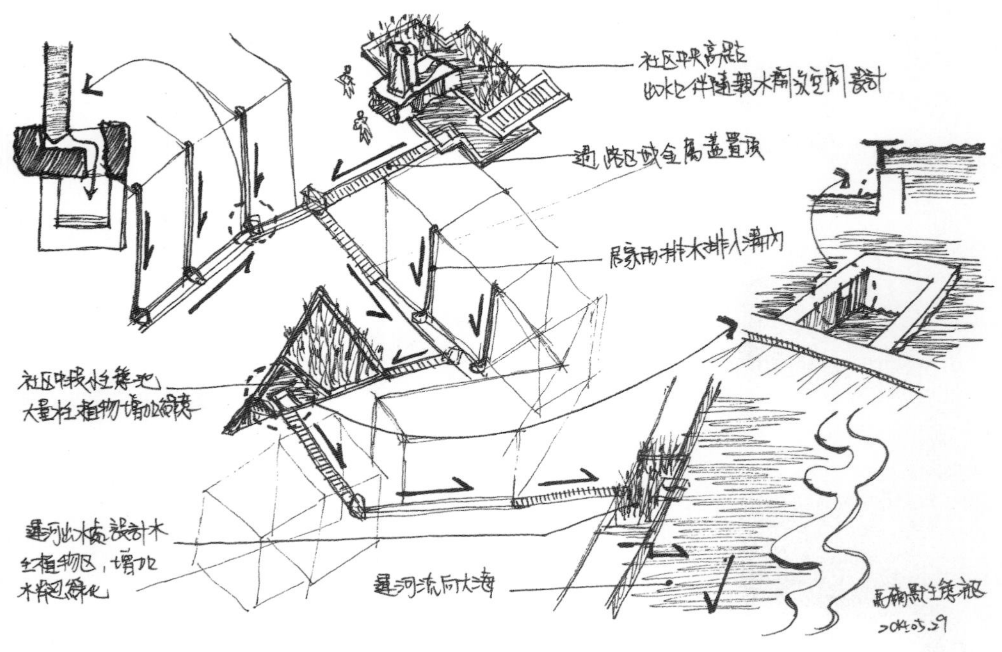

水路系统设计手绘

运河畔的爬虫造型设计

社区中央小生态蓄水池

雨水储存设计

搭配水生植物创造运河水岸边的绿意，然后才让水流入运河。整个过程一气呵成，中间又因应水的处理出现好多种层次的设计变化，考虑到的细节相当多元且全面。

夕阳西下，坐在大海边，回想着在马尔默社区所学到的点滴。看着海峡对岸的哥本哈根，还有此刻身处的马尔默，两座城市像兄弟一般，在永续环境的议题上，各自努力。沐浴着海风，心中感触颇多，很庆幸自己所走的这一遭，亲身所经历的这一切。我们能做的事情，还有太多太多！

流经社区的生态水道

社区中央小生态蓄水池

社区水道终点

瑞典斯德哥尔摩哈姆滨湖城

GPS: 59.305288, 18.105003

哈姆滨湖城一景

哈姆滨湖城（Hammarby Sjöstad），其实是一个美丽的错误。

这块区域曾经是瑞典首都斯德哥尔摩的黑色地带，是一块被倾倒废土、水体污染、工厂林立的都市边陲之地。当年，瑞典政府有意角逐2004年夏季奥运主办权，希望整顿此区，改建为选手村，不料最后主办权却由雅典拿下。

但是，危机也是转机，整个计划因此峰回路转，转向作为“瑞典2020永续计划”的示范区域努力。发展至今所展现出来的成果，已经成为瑞典国际外交上的主要推销议题。

如果说瑞典马尔默的生态社区在很多永续概念上是牛刀小试，那么哈姆滨湖城真可以说是大显身手。

哈姆模式

这是从社区开发之初，持续运作至今的一套环境资源整合模式。将“我”所产生出来的废料，当成“你”的原料，而“你”再次生产出的东西，重新供“我”

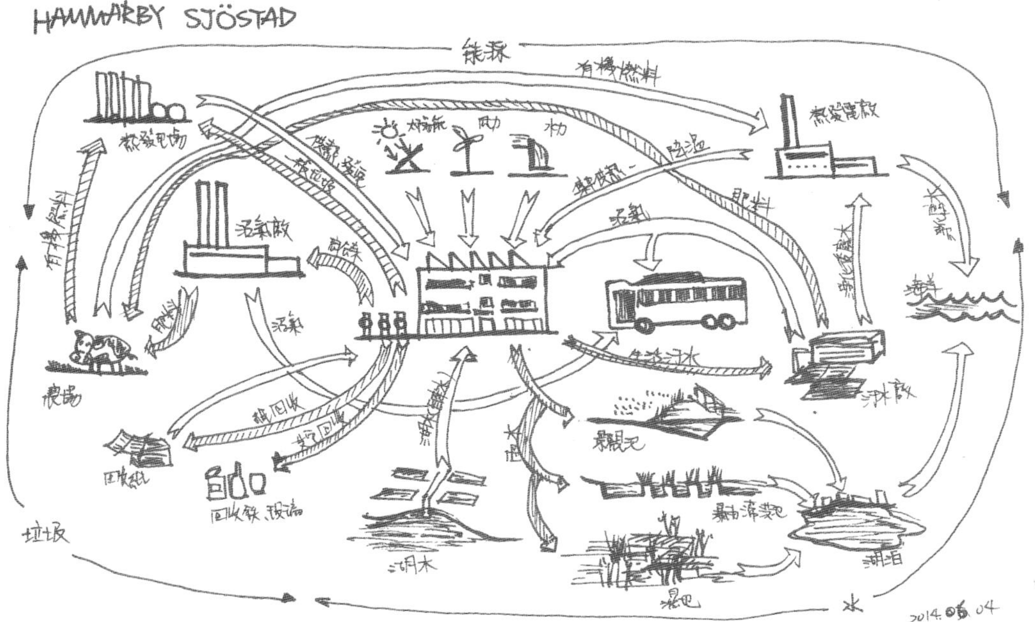

哈姆模式

所用。概念类似于桑基鱼塘，但是“哈姆模式”不只是单向的生产循环，而是在整个都市机能之间，通过“互补”的方式达成一个动态的平衡。

搞懂概念已经花了一番功夫，但在实际上要理解整个环境之间的空间区位关系，其内涵更是复杂。简单来说，可以归纳成“垃圾、水资源、能源、生态”四大类来分别探讨。

桑基鱼塘

这是传统中国水乡一种互利共生的生产模式。将低洼地挖深为“塘”，养殖鱼类; 水塘的四周高地为“基”，种植桑树。利用桑叶喂蚕取丝，蚕的排泄物作为鱼饲料，而鱼塘中富含有机质的淤泥又可当成桑树的肥料，以此周而复始地循环，生生不息。

垃圾储存系统

垃圾

和马尔默的生态社区一样，瑞典最出名的就是利用密闭管道真空吸收的方式，有效率地收集社区内垃圾。优点是不再需要垃圾车进入社区中，可以适度缩减道路宽度，创造更友善的公共空间。真空吸收的垃圾分成厨余、纸类、一般可燃烧垃圾三类。

厨余统一收集后可以成为沼气厂的原料，而经过制取沼气后所产生的厨余残渣，则转变成农田的肥料，产生的沼气成为市区巴士的燃料。

可燃烧垃圾统一收集至热发电厂，产生的电力又可以再次为社区提供电力来源。

事实上，这些排列在各社区之中的垃圾管道，能投入垃圾的开口都不大，这也间接地控制了垃圾投放量，效果很好。

水资源

这个环节是亲自走访之后，收获最多的部分。取之于湖，还之于海，不同过程的转换，将对环境的影响降至最低。

社区的饮用水来自于水资源丰富的哈姆湖，由社区产生的水可以分家庭废水和雨水两部分探讨。

关于家庭废水的处理，其方式和世界各国大同小异，同样是统一集中到污水处理厂进行净化。不过，净化之后到排放之前，就充满玄机了。

首先，家庭废水产生的沼气，在经过处理后一样可以作为市区巴士的燃料。其次，废水中的有机物质，集中处理后一样可以成为农田的有机肥料，而废水净化过程所产生的热能，可以通过“统一供热、降温”的厂房，为住宅社区统一提供热能。最后，这些水才会被排放到大海中。

雨水的收集，是构成整个哈姆滨湖城景观水岸的重要元素。一般屋顶及社区中庭的“静态”雨水，通过下渗或地表径流的收集，形成社区绿带的生态水域，作为生物栖息的空间。通过不断地回水利用，保持水域处于流动状态。

若是遇到间歇性暴雨，也就是相对“动态”的雨水，哈姆滨湖城有不一样的应对做法。在社区主要街道的轻轨轨道旁都有可渗透式的铺面，收集街道上的雨水，

社区雨水回收出水口

生态水池回水口

社区净水人工湿地

这些水会通过管道流入哈姆湖畔的生态湿地，在水岸边创造不同的景观形态。

观察中，我最大的好奇是，为什么他们不采用中水处理工艺呢？从信息中心得到的解答让我明白，凡事应该因地制宜，由此更欣赏瑞典人的严谨态度。

一般中水回收都是用作厕所冲水或是景观喷灌用水，但在瑞典并不时常用到喷灌，因为冬季长，几乎有一半以上时间无法运作。若是单纯为了冲马桶而多一套中水回收设备，他们认为增加了环境成本，因此仍然以丰富的自来水资源为主。

做与不做，不是一厢情愿，凡事谋定而后动。瑞典人对于永续环境的做法并不是全盘接受，而是因地制宜，有所为有所不为。这非常值得我们参考。

能源

在哈姆滨湖城的能源议题上，不能只看社区本身，还要从整个斯德哥尔摩的都市架构来看。

电动车充电系统

无论是沼气厂、热发电厂还是污水处理厂，都是整个城市的基础建设。多样化的能源转换模式，已经融入瑞典整体的环境与能源政策之中。透过哈姆滨湖城，只是让大众更加明白这个循环之间的对应关系。

我很好奇地询问信息中心的解说员，瑞典人如何选择自家的电力来源。得到的回答很值得我们参考借鉴。

在瑞典，无论是国家电网还是民营电厂，产生的电力统一通过国家电网的线路配送到各家各户，人们所用的电没有区别，但是却可以选择向谁购买。

如果人们倾向支持再生能源，可以和专营再生能源的民营电厂签约，但是价格相对偏高；如果不想付那么高的电费，则可选择国家电网。无论人们选择的是国家电网还是民营电厂，都仍然要缴纳一笔服务费给国家电网，因为电力输送设备的维修统一由国家电网负责。

通过直接的良性竞争，才能为人们创造更多元的能源选择结构，也才能更有效地减少能源浪费的情形，不是吗？在台湾地区，民营电厂发电后，统一由台电购买，再把费用摊在成本之中，这样的做法欠公开透明，人们也不能对于能源需求做出自己的选择，更无法达到有效减少能源浪费的目的。虽然我也知道这牵涉到巨大的利益，不容易一夕改变，但是瑞典的模式，无疑值得我们深思。

人与动物共有的空间

生态

哈姆滨湖城的前身是倾倒废土的污染地区，为了这个改造计划，相关单位特地把土壤重新清洗整理过，去除泥土中的重金属污染物，避免重金属通过环境荷尔蒙的方式，积聚在生物或居民体内。

改造计划，除了保留原来的绿带系统，更通过设计上的连接，延伸绿带空间，不仅可以让人休闲，也能有效连接动物之间的栖地。比如，湿地系统连接着原来湖面上的一处无人岛，人们可以远眺景观，但那却是专属于水鸟的乐园。在整个哈姆滨湖城的周遭可以看见比斯德哥尔摩其他地区种类更多的水鸟翱翔。

生物廊道不是新名词，但是在哈姆滨湖城看到的是实实在在的两条生物廊道。记得我在北京奥运公园走过那条跨过北五环道路的生态廊道时，虽感惊艳，但是却发现它只有灌木，没有大树。在这里所见的是绿树成荫、跨过高速公路的生物廊道。两相对照，还是看得出对于环境及生态重视的差距。

哈姆滨湖城，是瑞典的骄傲，也是国家民族性的缩影。我看见的不只是环境设计的整合，感受更多的是一个国家的人民对于自身的高要求，以及期待世界更加美好的渴望。

社区生态环境一景

跨越公路的生物廊道

哈姆湖自然风光

芬兰赫尔辛基薇奇生态社区

GPS: 60.225650, 25.023968

薇奇生态社区入口一景

北欧国家，无论是丹麦还是瑞典，在迈向永续环境的目标中，都至少有一个整合各方面功能的永续生态社区。在良性竞争的循环下，芬兰自然也有一处属于他们的永续社区标杆。在首都赫尔辛基郊外有一座大学城，名为薇奇生态社区（Eco-Viikki），就是芬兰人迈向永续环境所累积出的结晶。

从市区往郊外骑行的路上，很明显可以感受到芬兰在土地使用分区上界限分明。马路穿越住宅区，到了住宅外围会有一小片树林，接着一定是视野辽阔的草原，远方搭配着森林。抵达下一个城镇中心之前，一样的模式会再重复一次，整段旅程让人心旷神怡。

和瑞典的哈姆滨湖城相比，芬兰的薇奇生态社区并没有那么完整严谨的能源利用流程。但是如同我一路骑车前往途中的感觉，整个计划在土地使用分区、住宅设计准则及再生能源的利用等方面非常成功，也很值得学习。

与自然相连的土地使用分区

薇奇这个城镇是赫尔辛基大学在生物科技方面的研究重镇，原本就已经是发

围绕社区的自然小溪

社区公园绿地

午后在田里忙碌的居民

各户人家认养的小花园

展成熟的住宅区。薇奇生态社区计划的整合，让科学园区与住宅区或是其他生活功能附属设施彼此间的联结显得更为紧密。

感觉芬兰人与自然之间的互动，就像呼吸一般自然。如果把整个薇奇生态社区的郊外森林看成一个庞大的绿带系统，那么这个计划在规划住宅区的配置时，也同时考虑了这一重要因素。在成排的住宅区空间中，每一段固定的范围，都会有一个宽敞的绿地系统，头尾都能够与外围的绿带连接；每一个住户都可以分配到其中一块绿地，可以自行开垦耕种。表面上看，会觉得略显杂乱，但是仔细观察，就可以发现绿地其实是社区居民交流的重要场所。

福利国家的住宅设计准则

薇奇生态社区的住宅设计，是由政府制订出共同准则，再分区竞标，由不同的开发商分别承揽建造的。因此，每一个单元都有各自的独立性，但是整体看起来，整个社区又有它的和谐与美观。

北欧总会在计划中同时创造产值与照顾弱势群体。准则中明确规定，一个住宅单元内要有固定比例的社会住宅提供给处于相对弱势的人。这样，社区中会有独立的私人住宅，也会有类似公寓的租屋住宅，不过整体外观上完全看不出差异。租屋的居民可以以房屋售价的 15% 向由政府委托的租屋公司承租，并且享有绝对公平的居住权。

完善的再生能源奖励政策

整个薇奇生态社区在再生能源的利用上，同样也是通过设计准则，以不同的方式出现在社区各处。这就是芬兰聪明的地方。通过竞标，设计团队和开发商可以脑力激荡，想出不同整合方案，加上成本必须由投资者负担，绝对精打细算。对政府而言，多样化的设计形态可以创造住宅区的多元性，也可以从不同的设计方案之中观察研究，提取适合未来开发应用的模式。因此，这里的住宅，在风力

废弃轮胎制作的公共艺术品

远眺薇奇生态社区

发电与太阳能板的设计上，从设计之初就完美结合。有很多大楼的立面设计直接与太阳能板结合，很多房子的屋顶直接与风力发电设备结合。

同样，这些再生能源设备都不属于住户个人，和瑞典一样，所有产生的电力统一纳入国家电网，再由住户自由选用。

到目前为止，一路从荷兰到芬兰所探索的生态社区都各有特色，自己更能从中不断地累积经验，通过更精准的提问，从社区居民那里找到答案。看完了薇奇生态社区，所有关于北欧生态社区的探索观察，暂时画下休止符。

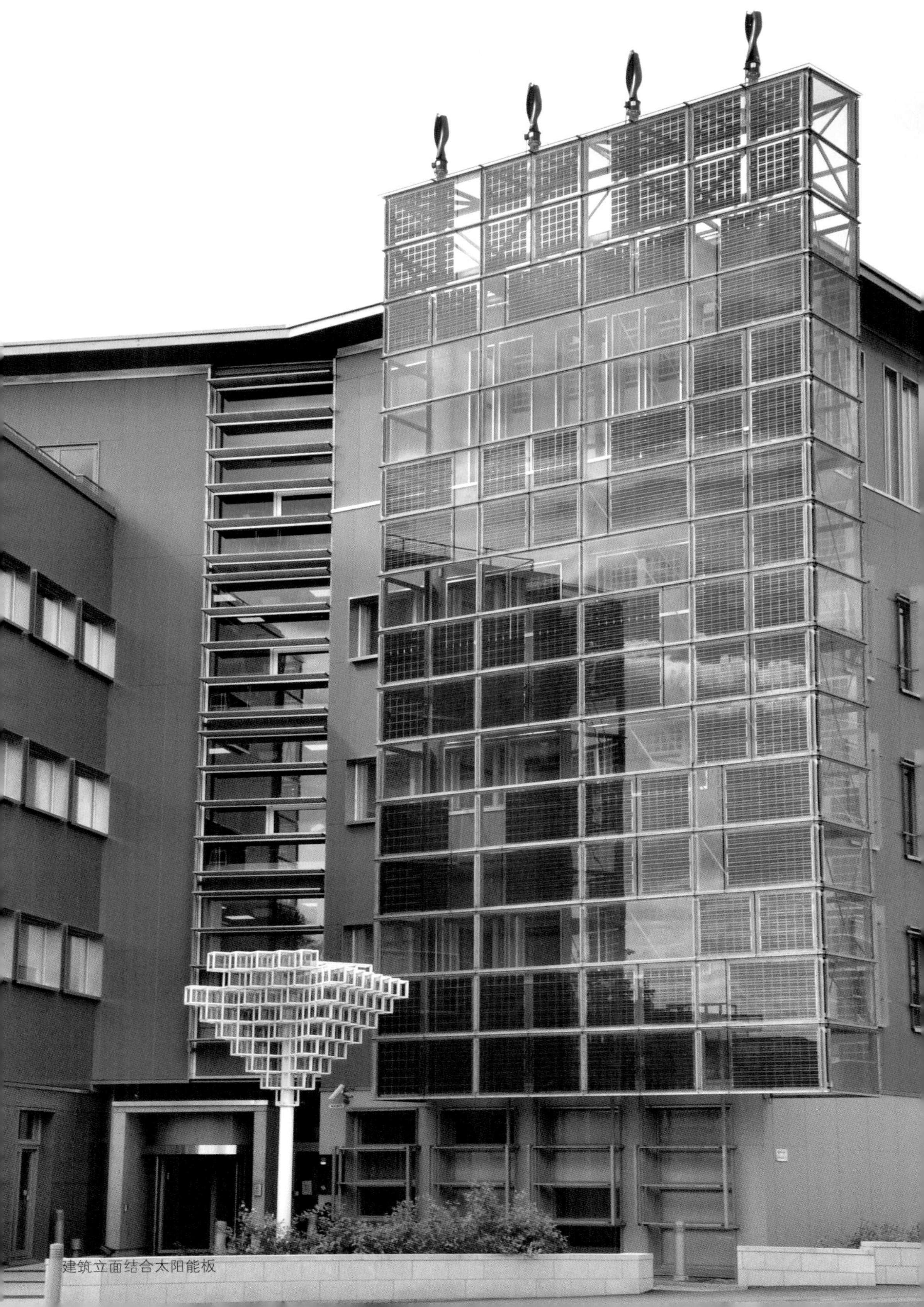
建筑立面结合太阳能板

英国伦敦 BedZED 生态社区

GPS: 51.382652, -0.156445

社区远眺

看似繁忙的伦敦街头，鲜明的红色电话亭在城市街角随处可见，醒目的红色巴士总是穿梭在城市街头。这座金融大城在一切都向“钱”看的同时，一处伦敦郊区的宁静角落，也有一群人正在默默地努力思考并且实践着，什么是属于英国的永续生活。

BedZED（The Beddington Zero Energy Development，贝丁顿零能耗发展项目）社区，2002 年 9 月完工，由政府整合专业团队，并与当地建筑师比尔 • 邓斯特（Bill Dunster）合力打造而成。团队间对于建筑与环境之间的永续互动关系，进行很多的研究与创新，通过长年累积的经验，最终打造出 BedZED 社区。后来更因为这个社区所获得的高评价，现今邓斯特的事务所也搬进社区之中，与所有居民一起维护他们心中的永续生活。

这次探访不同于“荷兰模式”与“瑞典模式”的随机聊天探访方式，因为这个社区的英国人对于远道而来的参观者极度热情有礼。此次探访，我与我的大学同学小邸共同前往。我们几乎只是简短闲聊几句，他们就直接邀我们进屋参观，并且热情分享在这边生活十多年的经验。

无独有偶，我们也巧遇了打造 BedZED 社区的事务所成员。他们邀请我们至事务所，给我们看很多发展过程的历史资料，并且与我们交流互动。这种感觉令人受宠若惊。居民对于自己社区的好，愿意开诚布公地与每一位远道而来的访客分享。这一点，从迪拜一路旅行至今，始终没变。

住宅单元配置概念

社区的建筑配置采取单纯的南北向排列，以期最大限度地获取阳光。建筑量体采用非常集约的设计，不同楼层的住宅空间面积不尽相同，彼此交叠。由于该社区与政府合作，要提供将近 2/3 的住宅单元作为社会住宅。通过这样的空间配置，满足不同住户的居住需求，让单人宿舍、小家庭、行动不便者都能够各取所需。

屋顶绿带的妙用

建筑量体采用密集的配置方式，使得社区地面排水空间受限。为了延迟雨水落至地面的时间，在设计上巧妙地将绿地安排在不同面向住宅的屋顶或是后院，形成立体的绿带空间。这样做的好处是，绿地空间结合透水性铺面，不但能为居民创造绿意与休闲空间，还能够让雨水在绿带空间均匀下渗，降低社区地面因大雨宣泄不及而积水的概率。

社区的精神象征"热交换"大烟囱

这个社区最引人注目的是建筑上方成排的通风换气设备，它们是 BedZED 社区的精神象征。从外面看，半天也看不出所以然，但是通过与当地居民的互动，入内参观后，一切变得豁然开朗。

成排的造型烟囱，是一套被动式的通风循环系统，可以让建筑物内空气保持新鲜与对流。通过自然通风的"浮力通风原理"，导引新鲜空气进入室内，而原来室内的空气也可以通过建筑上方换气孔进行循环。借由烟囱内的"热交换"机制，

屋顶绿带与大烟囱

调节进出空气的温度，让室内温度保持在适宜范围内。

“被动式通风循环系统”的运作效能与气温高低有互动关系。金属材质的烟囱，在夏天受阳光照射而升温，可以加速内部管道热空气上升，让室内能够保持良好的通风与有效的温度控制。因此，每一户都有一个造型烟囱，与其配套的相关管

浮力通风原理

它借由“烟囱效应”达成室内通风。高耸的烟囱，其顶部与底部的空气温度不同，因此热空气会自然向上飘散，产生对流。一般建筑物若要达到简易的浮力通风，可以高处开气窗，在热空气自然上升飘散后，低处相对低温的空气会进入室内，达到对流通风的效果。

热交换

烟囱内的排气口与进气口，虽然是各自独立的管道，但是彼此会通过同样的金属介质。利用金属的导热特性，可以趁着排气口带走室内热量，在烟囱内部将部分热量传递给温度较低的进气口空气，进行温度调节，使得进入室内的空气较为温和，此效果在冬天尤其明显。

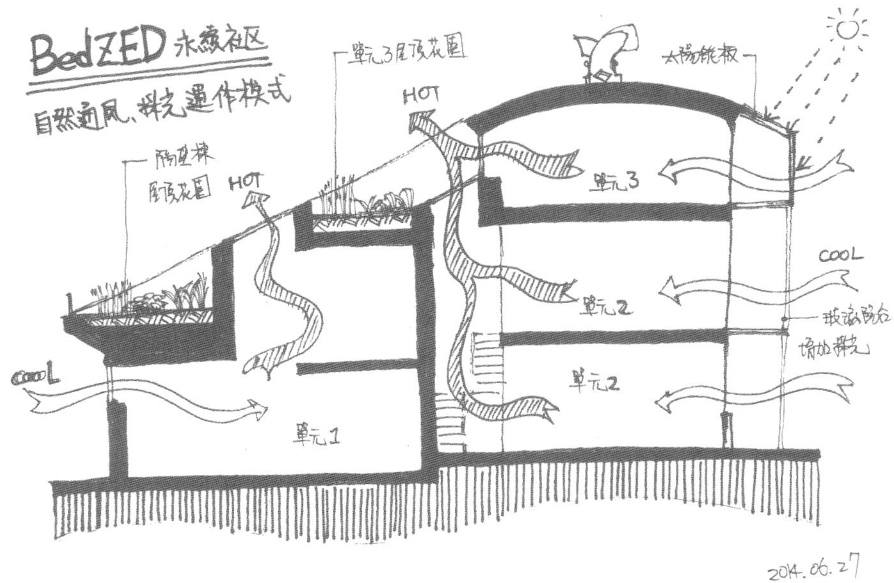

造型烟囱的通风机制

线也在建筑建造之初就分布在室内。因为是被动式装置不需动力，所以也没有额外的电力负担。

值得一提的是，很多事情似乎是“设计归设计，实际归实际”，这样的设计巧思并不是所有住户都了解。走进社区居民家中观察，才发现有些住户竟在进气口旁放置柜子，让原本通风换气设计的美意大打折扣。

太阳能板的利用模式

BedZED 社区通过合理的建筑栋距安排，让建筑南向立面取得足够阳光，在屋顶及立面装设太阳能板。太阳能板从设计之初就成为建筑立面的一部分。和北欧国家不同的是，社区中通过太阳能板所产生的电，既不纳入英国的国家电网，也

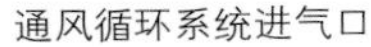
通风循环系统进气口

通风循环系统排气口

五颜六色的大烟囱相当显眼

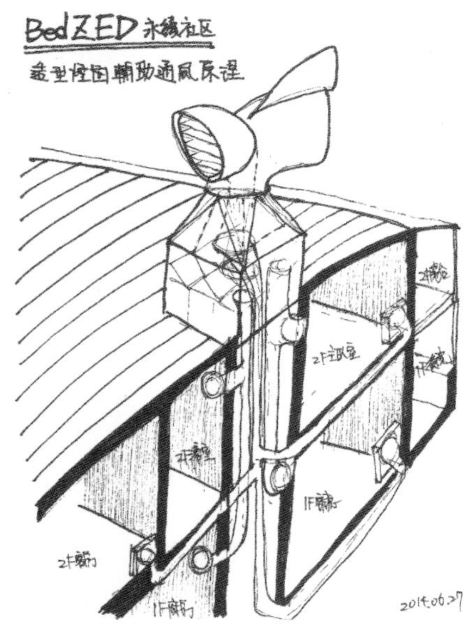

BedZED 社区通风策略

不属于住户个人所有，而是全部集中，提供社区电动车充电站的电力所需，以及供社区共享的自来水加热装置使用。

从住户的使用经验中得知，拥有电动车的社区住户比例不多，因此充电站无法达到原先设定的目标。太阳能板最大的用处，仍然是供自来水加热装置使用。

温带国家的建筑保温措施

为了避免冬季室内热量外流，导致暖气用量增加，进而造成额外的能源负担，BedZED 社区的建筑外墙都有 50 厘米厚。内侧是空心砖再粉刷水泥砂浆，外侧用修饰立面的传统英国红砖，而在两种材料之间保留了 10 厘米左右的空隙作为隔热层，借以减少室内热量外流。

BedZED 社区建筑立面材料

住在这里的居民，对于自己家里除了主卧室之外，其他空间都没有暖气这件事相当自豪。

此趟亲自走访，有机会真正体验设计概念与实际执行之间的差距，是难得而宝贵的经验。尤其是能够和事务所成员直接互动，取得 BedZED 社区更多的专业信息，并且就此与事务所成员直接讨论，解答了更多疑问。

对比五光十色的繁华伦敦，BedZED 社区所处的伦敦近郊，显得朴实而宁静。这个社区的运作模式，遵循一套自我合理运作的逻辑，至于它能否就此带领英国走向独树一帜的永续环境未来，倒也不尽然。不过，可以确定的是，通过实践与分享 BedZED 社区，已经为世人提供了一个“他们的”想法。

尽管处在不同气候环境中的人们所要面对的问题不尽相同，别人的经验未必能完全解决自己的问题，但是总会在脑海中产生新的冲击。多交流，多吸收，多分享，才能更有效地帮助所有人找到迈向永续环境的方法。

英国伦敦奥运公园

GPS: 51.539815, -0.013108

奥运场馆区

过去的东伦敦，在报章杂志上出现的总是有关治安与环境污染的负面消息。那个时期的东伦敦地区，我已经没有机会再看见。自从伦敦成为 2012 年的奥运主办城市开始，整个东伦敦逐渐脱胎换骨，无论是整体环境还是相关建设，都已经变成今日崭新的样子。

2014 年，当我踏进伦敦奥运公园的第一步开始，就有深切的感受。

醒目的红色奥运地标扭曲塔依然舞动，除了周边地区还有关于 2012 奥运的零星介绍之外，整座大公园的其他地方已经丝毫没有当年奥运会的气氛了。

没错，这就是伦敦奥运一开始承办时所提出的概念——“减量设计，永续经营”。通过举办奥运会的机会改造东伦敦地区，除了奥运会本身外，更重要的是如何在奥运会之后，更有效率地运用这一大片土地。因此，这里不再是奥运园区，取而代之的名称是伊丽莎白公园，一座完全向伦敦市民开放的大公园。

为奥运打造排场，为未来进行瘦身

伦敦碗，奥运会八万人座位的开闭幕主场馆，在 2014 年 6 月我旅行走访奥运公园之际，正如火如荼地进行瘦身工程。座位预计缩减至五万席，并且改造成足

由木条围绕而成的游泳中心

这些“瘦身”的材料并没有被浪费。公园旁有一座咖啡厅，其中非常多元素都取材自这些材料。别人的废料，成为我的原料，这样的概念又是瑞典哈姆模式的全方位延伸。

属于市民的公园

整座奥运公园的完善规划，结合原本流经东伦敦地区的渠道，使得这座公园成为欧洲近 150 年间最大的公园绿地建设项目。大部分建造时期的物料运输，也都是通过渠道以水运方式搬运，尽量减少卡车搬运所产生的碳足迹。

瘦身中的伦敦碗

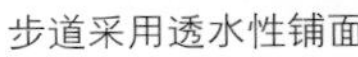

步道采用透水性铺面

▲可回收的木头作为游憩设施

◀自然风味的孩童沙丘

公园的全部铺面，除了极少数的重点区域用石材装饰外，其余全部采用透水性材料。假如设计当初，只考虑呈现高规格的奥运排场，那么用透水性材料绝对没有石材来得有分量。但是如果一开始就不是只考虑到为期三周的奥运，而是以百年大计为出发点，那么伦敦奥运公园无疑是最好的示范。

除了透水性铺面，这座公园所选用的材料几乎都是可回收、能被自然分解的，包括道路收边木框、公园内造型木座椅，甚至连大人都觉得充满挑战性的木头游

可回收的木头作为通道

木头打造的挑战体能设施

奥运公园座椅设计

戏区。在这里完全不讲排场，强调的是属于市民的开放公园。用每一个细节，努力实践自我对于永续环境的期待。

伦敦通过举办奥运，整顿城市中被遗忘许久的角落，也让自己对未来永续生活的实践，向前迈进一大步。

木作完整，金属开洞

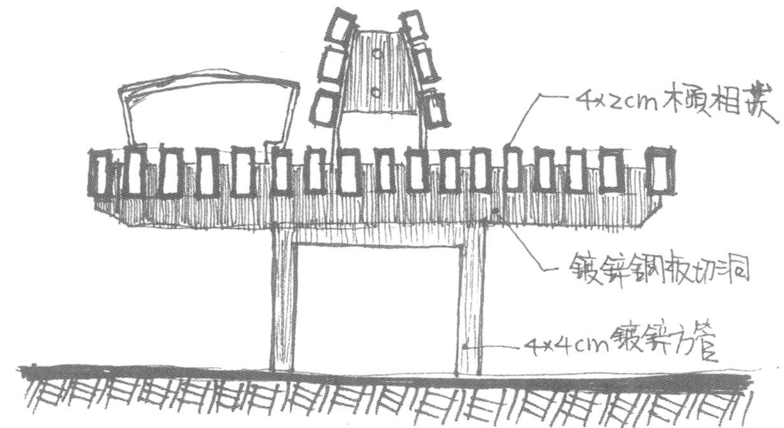

木作切槽，金属固定

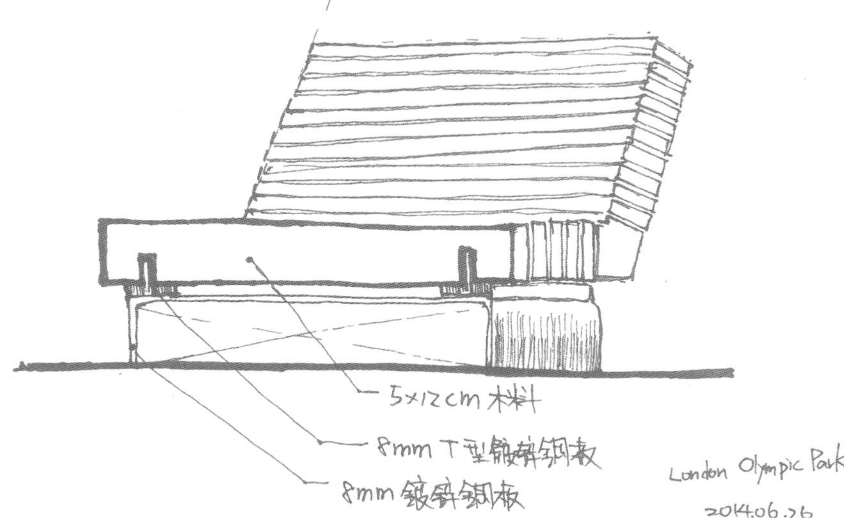

奥运公园座椅细部设计

法国巴黎隐匿旅馆

GPS: 48.877486, 2.293479

大隐于市的隐匿旅馆

旅行来到法国巴黎，没有探索到之前各国所介绍的永续社区。但是从不一样的角度，也能发现不一样的国度中散步在城市角落的永续种子。

隐匿旅馆（Hidden Hotel），位于巴黎凯旋门附近的 Rue de l'Arc de Triomphe 巷弄间。店如其名，有一种“大隐于市”的氛围。这里之所以特别，吸引我特地前来，是因为老板对于饭店的经营理念。

原来，老板夫妻俩早年也是爱好旅行的人，游历过世界许多国家。旅行中既看见世界各地的美景，也看见环境被破坏的悲剧，让他们认为“永续环境”是一件重要的事情。因此，当他们有机会开一家旅馆时，所秉持的理念就是“任何建材都要能回收，全部食材都要是有机的”。

似乎有些相见恨晚，一直到在巴黎的最后一天才认识他们，但是他们的热情与不藏私的分享，是另一个让我下次还想来巴黎的原因。

饭店外墙整片的再生木材装饰，轻轻点出与周遭楼房的不同。老板带我参观其中一个房间，并且热情地回答我所有问题。老板说，即便是床单所用的纤维、吊灯所用的装饰材料，他也希望能坚持使用对地球无害的材料。而这家旅馆无论是大厅还是房间，都利用这些不名贵、可回收的建材设计出有质感的空间，这让我更佩服老板的用心。

巴黎街头

饭店吧台

隐匿旅馆立面

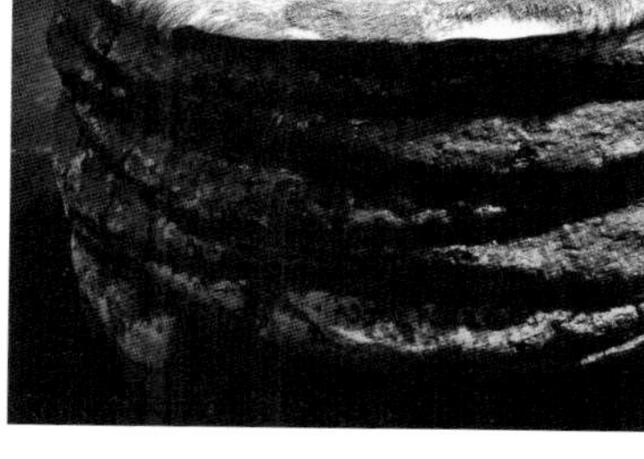

植物纤维椅

原木加工造型椅

饭店座位区

老板将经营特色放在建材选择与永续经营上，但是对于耗能比重最大的日常使用部分，包含灯具、空调、暖气或是烹调等相关设备，在能源的使用效率上，并没有特殊的设计手法。我特地向老板询问这点，他也说当年对于这方面的认知有限，有机会他也会逐步调整。他说，会秉持这样的信念来经营饭店，是想要借此抛砖引玉，让更多巴黎的当地人，或是来巴黎旅游的人，能够感受到对环境的“永续思维”是一件很重要的事情。

隐匿旅馆，不是了不起的大作品，也不是砸重金的示范社区，单纯只是巴黎巷弄间一个人真实梦想与理念结合的实践，就像旅行走访迪拜期间，实践永续设计理念经营的购物中心一样。通过自己的力量，默默地做，一点一滴改变身边愈来愈多的人，共同让我们生活的环境变得更美好。

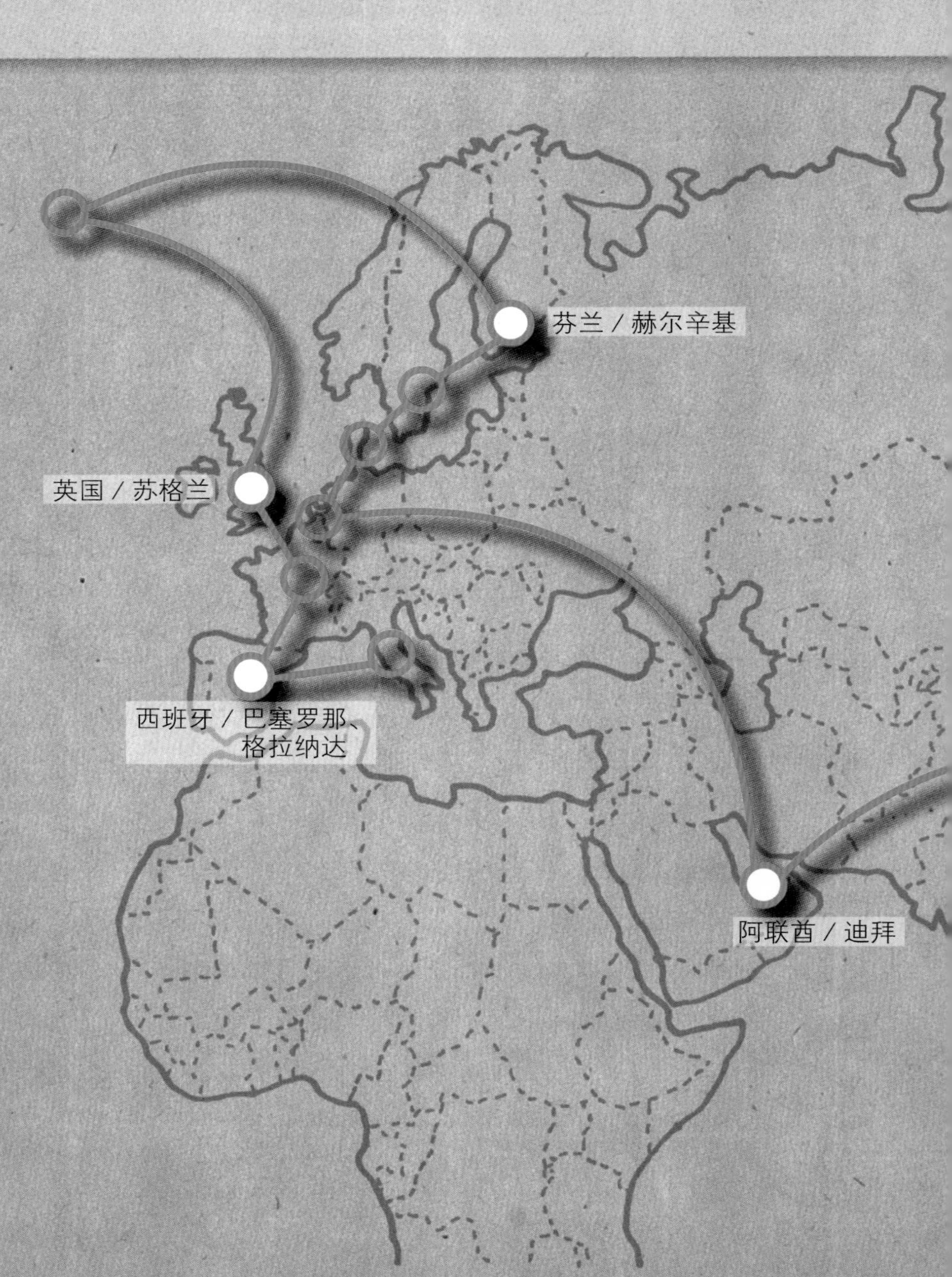
芬兰 / 赫尔辛基
英国 / 苏格兰
西班牙 / 巴塞罗那、
格拉纳达
阿联酋 / 迪拜

第二章

传统建筑智慧见永续概念

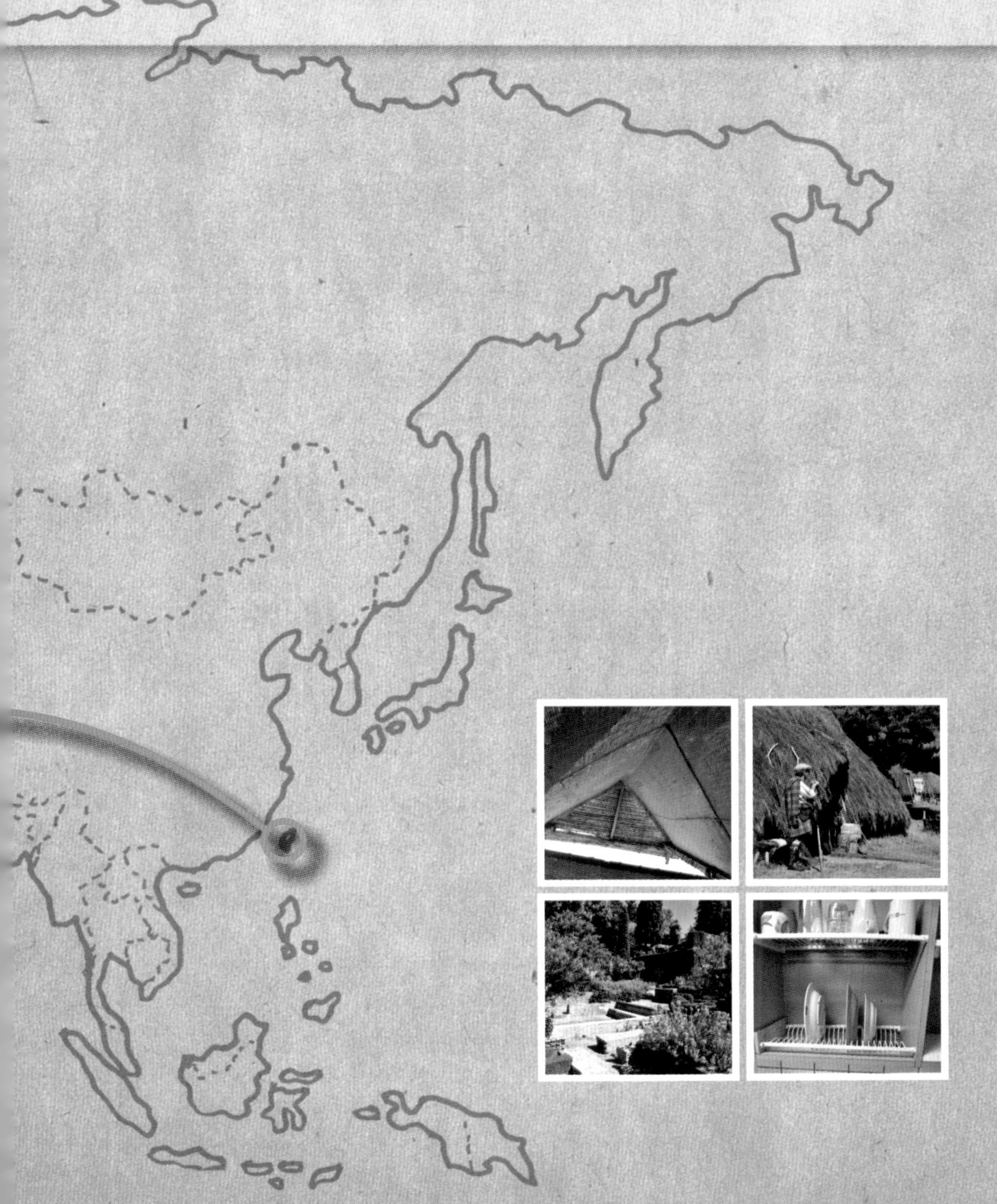

中东的传统建筑智慧

GPS: 25.263307, 55.297331, 25.268126, 55, 290076

捕风塔下方房间

现代迪拜给人最鲜明的印象，是栉比鳞次的高层建筑，是人工开凿的大片水池，是外热内冷的豪华舒适地铁。但是，在石油经济所带来的繁荣之前，这里可不是这样的。

传统阿拉伯人是如何适应炎热又干燥的气候，在波斯湾一隅，发展出灿烂的沙漠文化，甚至开启与世界其他国家的贸易的呢?

老迪拜，是迪拜河畔紧临波斯湾出海口的老城区。繁复花纹装饰的清真寺，拉着大捆布匹板车的包头小贩，身边随处可见的水烟与神灯点缀，让人转瞬之间，掉进身旁满是白袍男子与黑袍女子的中东氛围。

穿梭在让人兴奋的古老巷弄间，我不断地左右张望，为的是找寻隐身在中东传统民居之中的一项重要特色，一种既能不受风向限制，又能保有室内通风的特色建筑——捕风塔。

世界各地的传统建筑，都有它应对当地气候条件的方法。这些千百年来与环境共处的方法，往往都是值得现代人重新思考利用的永续发展策略。

阿拉伯世界的捕风塔之所以迷人，是因为它的巧思，让沙漠子民能够免于炙热，更能保有凉爽。这趟旅行的亲身观察，让我更能实质感受它的作用与魅力。

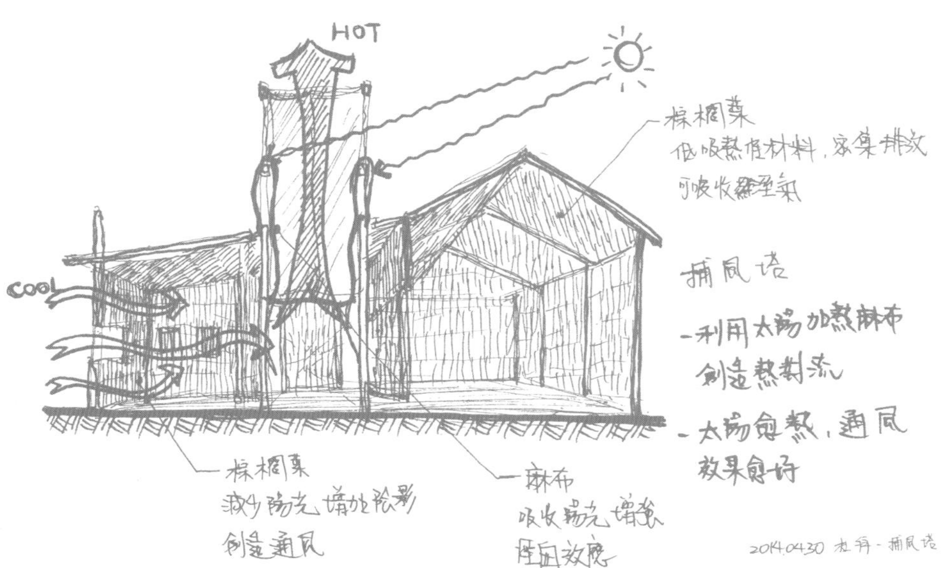

捕风塔运作原理示意手绘

捕风塔剖面

捕风塔外观

捕风塔的运作机制，类似于烟囱的“浮力通风”原理。当烟囱细长的管径压缩了空气的路径，此时就能产生一股强大吸力，将室内空气往上抽，排出户外。不过，烟囱风向是固定的，对于要抵御室外高温所刻意加厚墙壁的传统中东建筑来说，开小窗无法产生足够的对流。

因此，捕风塔设计的高明之处就在这里！

捕风塔的外观，像一个突出于建筑物的小阁楼，内部结构则暗藏玄机。烟囱内壁设计成十字交叉壁体，将大烟囱分成四个独立的通风管道，顺应风向而能在进风、出风之间随时变换。因此，同样一根烟囱，总是能够随时保持两个三角形管口是进风通道，而另外两个则顺势成为出风通道，借此弥补了建筑墙面开口不足的对流缺陷。靠着这样一个简单却实用的通风机制，阿拉伯国家的人们度过了沙漠中的无数个酷暑。

旅行的实际体验，让人更加佩服中东人在有限条件下，如何因地制宜地让“捕风塔”效果更显著。

古时没有经济能力修建石墙建筑的平民，建筑材料选用的是棕榈叶梗。叶梗丰富的纤维能够有效吸收外热，叶片间的孔隙也像是天然百叶窗，能有效过滤进入室内的多余光线。

至于捕风塔中最具特色的十字交叉，所采用的材料是麻布，这让我既惊讶又佩服！麻布在市井小民的生活中能够方便取得。利用编织绵密的纤维，增加有效接触阳光的表面积，让麻布因为日晒而升温，使管道周围空气变热，从而加强通风效果。

中东人在生活材料里寻找替代品，但是效果却不打折扣，那样的巧思让站在捕风塔下仰望的我，惊叹不已！

随着时代变迁，过去的民居有些已被保留作为博物馆，但是在追求观光与现代化的过程中，却也发现传统智慧已一去不复返。

民居博物馆为了让观光客感受到更舒适的温度，早已全面改装空调。好奇的

丧失功能的捕风塔现状

中东传统民居捕风塔

我刻意站在捕风塔下，想要一窥它在有空调的状态下所扮演的角色。果然，四个三角形风道都已被玻璃封住，捕风塔的作用已不再是通风，反而讽刺地变成采光天井。这仿佛自断健全的手脚，再花大钱装上功能多元的义肢。这也是旅行中我所观察到的迪拜在传统与现代间的发展矛盾。

或许，我们可以说“捕风塔”的设计比较适合传统民居，不适合现代社会。但是，或许人们更应该思考，跳脱捕风塔的“形式”而领略其善用自然通风的“精神”。让习惯现代冷气生活的人们，能够更有效率地通过良好通风设计，减少冷气使用、减少能源消耗，向累积了千百年经验的老祖先学习。

捕风塔的麻布风道

苏格兰高地的传统建筑智慧

GPS: 57.069816, -4.103599

苏格兰传统村落一景

苏格兰高地，拥有绝佳的自然景色与传统的人文美景。它多变的天气，既能让人回味爱丁堡的雨中情怀，又能让人回忆冰岛湛蓝的晴天。吸引人们走出城市，投身自然臂弯。

寻访苏格兰高地，沿途无一不是美景。当广袤无垠、连绵起伏的大地上，出现一片传统苏格兰村庄时，其他的美丽都变成了配角。在这里，我遇见一位老人，他不经意的一句话，让我对于一件平凡的事情，有了再次思考的机会。

草原上的村庄，仍然保有苏格兰传统民居的生活方式。那些三五成群、顺应地形、古风浓郁的村落，随便一户动辄就超过两百年。宛如英国田间电影的场景，曾经是苏格兰人安身立命、遮风避雨的茅草小屋，虽然保留至今已经转型，作为体验传统生活的观光用途，但是里面的壁炉依然烧着柴，里面的锅碗仍然盛着水。它不只是单纯展示，还是用一种“进行中”的生活模式让人感受传统苏格兰民居生活。

有机会近距离观察传统民居如何应对所处的气候环境，格外值得珍惜。

厚重的块石，集中在房子底层，高度大约到人的胸口。斜屋顶全部由大量茅草覆盖。屋顶两边的烟囱各自沿着室内壁炉，向屋外冒出头来。看得出来冬天应

苏格兰传统村落一景

对严寒与下雪的功能性。

不过，对于低矮的块石矮墙，我仍然一知半解。村落间，有位身穿传统苏格兰裙的老人，不断地往返挑水。那一身既传统又抢眼的方格纹裙，摆动之间，不断地吸引我的目光。我好奇地走上前去，想多问些苏格兰传统民居的细节，只听老人用一口地道的苏格兰腔英文，不疾不徐地回答，简单明了地告诉我答案。

他说：“苏格兰这地方，块石是很珍贵的资源。所有的建筑物，需要用到的块石的数量，只要能够阻挡湿气就好。其他的，另

苏格兰传统民居剖面手绘

苏格兰传统村落一景

高地自然风光

穿苏格兰裙的老人

外找材料！”说完，他继续不间断地提水，方格裙随之又摆动起来。

听完老人的回答，再回头望向身后的百年茅草房，对于眼前建筑物的造型，有了不同层次的体悟。

原来，低矮的块石墙壁，是最低限度的结构基础。草原上大量且丰富的茅草，撑起苏格兰民居上半部的屋顶与起居空间。那格外倾斜的屋顶坡度，也有利于减少冬天厚重的积雪。而在室内，则靠着噼啪作响的壁炉余火，带给人们温暖。

可不是吗？在有限资源下，所有的东西都有最合理的安排，恰如其分。以前的人和自然和平共处，靠的就是妥善利用身边资源，不强求。想尽办法找到与周遭环境协调的发展模式，才是长久发展之道。

一趟苏格兰高地之旅，在美景与惊喜之间，不断交替。很多事情，很多观念，人们不是不知道，只是随着时代发展而渐渐遗忘。苏格兰老人一句淡定而理所当然的回答，值得我们重新思考：“需要”和“想要”，哪个更重要？

地中海的传统建筑智慧

GPS: 37.176068, -3.588137

地中海风格阶梯庭园

在大学时代，无论是在学习建筑史还是景观史的课程中，总是对于地中海地区那一方沁凉充满渴望与想象，无比好奇。究竟那是什么样的时空背景，让人类的生存环境可以在如此精简利用水资源的情况下，仍然达到有如艺术般的境界？

在炙热的夏季造访西班牙，无论是繁华的巴塞罗那，还是安达卢西亚的中世纪古城格拉纳达（Granada），终于有机会满足心中对于地中海地区的建筑与庭园的想象。

寻访巴塞罗那巷弄间

街头巷尾的人群，多半穿的是衬衫、短裤、夹脚拖鞋。在略显干热的地中海气候条件下，人们如何在城市中找到一处清凉的休闲空间喘息？

老城区，永远是探索城市起源的秘密基地。要找到巴塞罗那如何在城市中找到清凉消暑的秘诀，从这里开始准没错。

传统地中海风格的建筑与庭园，在配置与用途上，深刻呼应了干热条件的气候类型。

巴塞罗那老街区建筑外观

巴塞罗那老街区建筑入口

Barcelona Old Town
2014.08.11

地中海传统建筑立面手绘

中心喷泉

回廊庭院爬藤植物

以建筑配置来说，传统地中海风格的楼房，在踏进大门后，不会直接进入室内，而是先进入一处柱列回廊空间，让人能够在半户外的阴影处，躲避街道上的酷热。

回廊中间，总会有一处挑空花园，中心焦点会安置一座小喷泉。花园角落的绿地，种植着爬藤植物，一路爬向二楼露台。阳光洒落，让水与绿成为庭院空间的主角。驻足阴影下，坐看阳光处，在动与静、明与暗、自然与人工之间，取得微妙平衡。

置身在炎热环境，切身感受沁凉，更能明白几百年来，地中海地区的环境营造精髓。

真正身处其中，便可发现回廊中央的喷泉，不只是设计上的视觉焦点，更重要的功能是调节空气湿度的秘密法宝。空气中若是湿度不足，长久下来，人们会感觉皮肤干涩，口干舌燥。利用喷泉的水汽，可以使得从户外吹进回廊的热风，在进入室内之前，多了一次适当降温、有效增湿的机会，提升人们在室内生活的舒适度。

简单来说，我们可以将地中海建筑的中庭回廊，视为在台湾地区常见的骑楼。在设计的原意上，都有遮阳、避雨的效果。只是台湾地区因为土地的集约使用，使得骑楼空间的属性暧昧不明；相比之下，地中海地区的人们，则有机会拥有属于自己的一片花园，在一方境地之中，偷得浮生半日闲。

爱尔汗布拉宫的千年智慧

遥远的中世纪，在阿拉伯人横跨欧亚非三洲，建立庞大的阿拉伯帝国之际，伊比利亚半岛的中南部一度是帝国的管辖范围，而其中最重要的政治中心，就是位于格拉纳达今日依旧华丽的爱尔汗布拉宫（Alhambra）。

爱尔汗布拉宫位于格拉纳达东边的一座山丘上，高耸的红褐色城墙横亘山头。围墙之内的世界，不仅有伊斯兰的华丽宫殿，也有基督教王国的防御建筑，更有保存完好的地中海风格庭园。

爱尔汗布拉宫手绘

爱尔汗布拉宫

在传统阿拉伯世界中，水资源相当珍贵。过往的生活经验转换到设计中，于是就让“水”成为一种想象、一处焦点、一种宁静而高贵的装饰。

华丽宫殿最吸引众人目光的，莫过于被白色柱廊环绕的白色狮子喷泉庭院，完全展现出伊斯兰文化与地中海风格结合的最高工艺。通透的庭院空间，十字形地面水道与白色狮子喷泉相连，让人即便身处室内，仍然可以通过地面水泉，产生与户外融为一体的想象。除此之外，庭院空间采取长方形的配置形式，更能让细长水道或镜面水池从视觉上拉深空间与加大空间尺度，突显宫殿宏伟的气势。

走出户外，花园的配置依循山势，分层叠置，让水流得以平缓流经水道，稍加汇流集结，成为下一处阶梯花园的墙面壁泉。更戏剧性的表现，可以在人行阶梯的扶手旁发现。缓步拾阶而上，扶手高度的水道快速擦身流过，在身边奔流而下。种种描述，尽是身处地中海风格庭园中，对于水的无限想象。

宫殿内回廊水道

宫殿内镜面水池

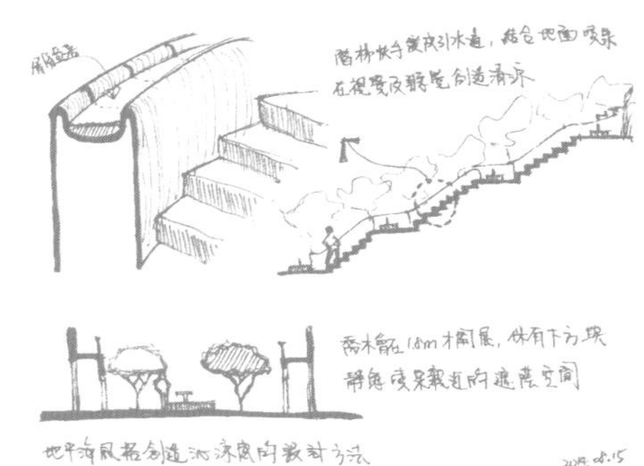

阶梯扶手水道手绘

阶梯扶手水道

除此之外，利用植栽效果来应对炎热环境，同样也是爱尔汗布拉宫常见的做法。

最常出现在入口或是半户外空间的爬藤架，不仅能够在阳光强烈时提供舒适阴凉，又能够让空气通过叶片间隙保持对流。建筑物内部庭院，点缀几株恰好高过头顶的小乔木，既保有空间穿透性，也让人在庭院间的活动更显自在。

一座屹立千年的宫殿，依旧保存完好，让人得以依循历史脉络，寻访历史文化的瑰宝，身历其境，感受传统地中海建筑与庭园空间的最高等级作品。内心的期待像是朝圣，外在的体悟则是一趟毕生难忘、亲临现场的五感体验观察。

对于属于地中海传统建筑的智慧与精妙，通过对西班牙南北两处不同环境、不同历史的城市的观察，更加明白“水”在其中所扮演的重要角色。

在西班牙最深刻的体会，不仅是物理层面的调节，更是心灵层面的提升。古人在塑造环境时所追求的精神，是透过有限来遥想无限，以达到“内观自在”的沁凉境界。

北欧厨房的直觉哲学

GPS: 60.191010, 24.929839

前三篇的内容，都是传统建筑的大尺度。这一篇，特地聚焦在居家厨房的小尺度上，看看瑞典与芬兰，如何在居家中发现永续生活智慧。

人们总是说北欧的设计“符合直觉、贴近人性”，但是实际生活中，究竟如何呈现？旅程中有幸借住瑞典与芬兰的友人家中，对于北欧“直觉”的生活态度，有另一番体会。

发现问题，接着找到解决问题的方法，理所当然。但是如果在问题发生之前就利用设计的巧思来避免，那就更胜一筹。

当我们设计厨房时，为了要晾干洗好的碗盘，往往会在流理台上方附近配置不锈钢碗架，让碗盘直立摆放，再用一个盛水盘接水，水满再倒掉，碗盘干了再另外摆放回系统柜。这些动作，想必是很多家庭的日常行为，甚至有些人怕麻烦，干脆直接把碗盘丢进洗碗机、烘碗机，一劳永逸。为什么要巨细靡遗地描述这些？因为空间配置的不流畅，人们或许根本不曾多想，我们的生活一直都是这样过的。

在瑞典和芬兰，我在厨房观察到一种很有直觉性的空间配置。他们的厨房不会有烘碗机。洗完的餐盘，就顺手放在流理台上头的碗架上，分成上下两层。碗架下方保持透空，碗盘上残留的水可以直接滴入流理台，不需要另外放置盛水盘。即便关闭碗盘架，也可以透过下方的通透开口，保持通风。当下一餐需要碗盘时，打开碗架，它们清爽地展现在眼前，任君挑选。

如果说，通过不同的摆放位置，再加上一些微调，就能简化后续那么多不必要的动作，甚至因此减少购买机器，间接减少不必要的耗电耗能，那么，反观我们习以为常的生活模式，是否无形中为我们制造了太多不必要的麻烦？

通过北欧人的日常生活体验“直觉”，既不铺张也不奢华，强调的就是一种简单的态度。这件事情看似不留痕迹，其实蕴含了很多思考空间。

厨房碗盘架

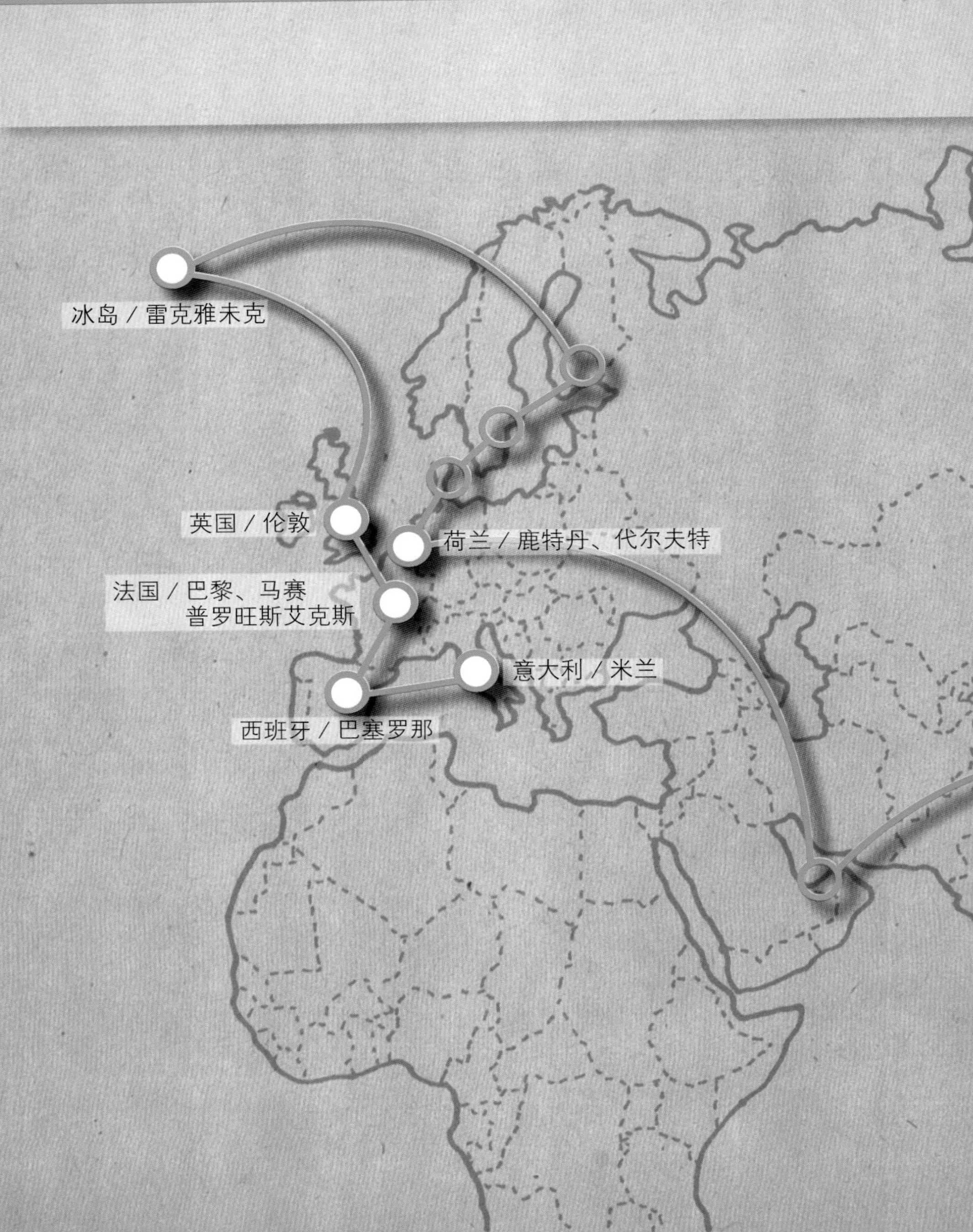

冰岛 / 雷克雅未克
英国 / 伦敦
荷兰 / 鹿特丹、代尔夫特
法国 / 巴黎、马赛
普罗旺斯艾克斯
意大利 / 米兰
西班牙 / 巴塞罗那

第三章

城市公共建设的永续思维

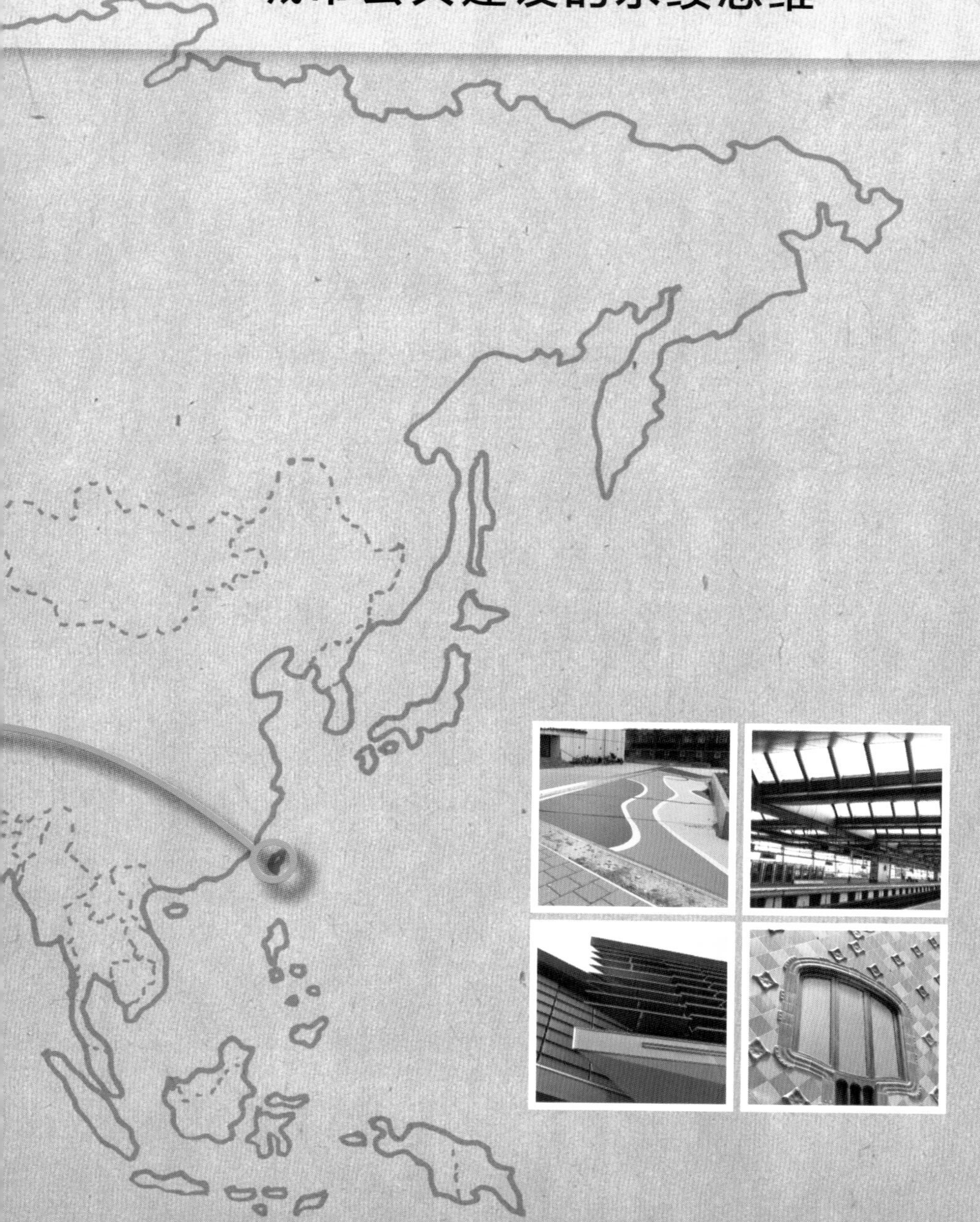

荷兰鹿特丹的都市滞洪广场

GPS: 51.927346, 4.476422

地面导水沟

近年来，随着气候变化所导致的全球降雨量分布不均，全球各主要城市的暴雨概率大增，人们已经很难再用过去的思维来设计未来城市的公共排水系统。因为，过去所预期百年发生一次的大水，现在有可能十年内发生几次。

有“低地国”之称的荷兰，排水本来就比其他国家面临更多挑战。因此，荷兰人除了在沿海修建堤防以防止海水倒灌之外，他们也思考着在城市的中心区域，如何让都市变成一块大海绵，让每一个角落都能分担暴雨来临时的雨水处理压力。

“分区滞洪”就是这样的一种思维。在单位面积范围内，雨水不直接导入公共排水沟，而是以基地内的地形为排水导引，将水暂时储存在基地内，慢慢下渗地表，减少公共排水系统的瞬间负担，进而降低洪水发生概率。

这样的概念在公园绿地可以轻易实现，因为透水性面积广大。但是，在都市建筑的广场空间，必须要有硬铺面来满足功能需求，那么在绿地条件有限，又必须兼顾滞洪效果与视觉美学的情况下，如何做到呢？

一直印象很深刻的是 2010 年的上海世博会上，在城市最佳实践区展览中，荷兰的鹿特丹用模拟雨水装置来塑造“滞洪广场”的都市滞洪池概念。位于鹿特丹

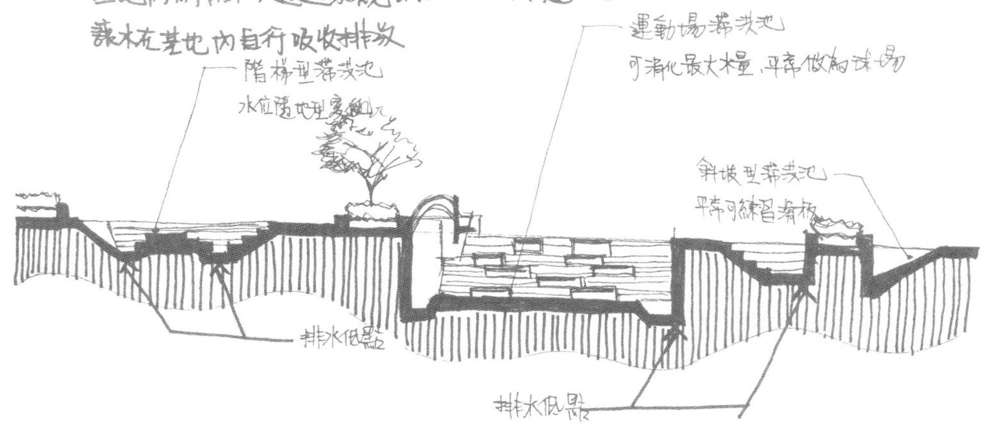

滞洪广场剖面手绘

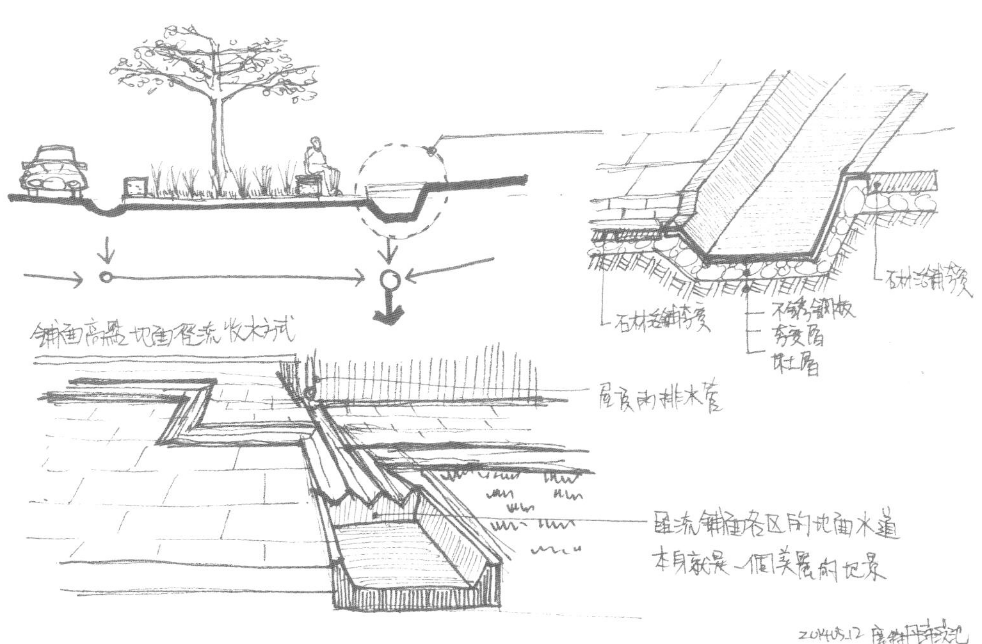

滞洪广场设计细部

地形水位线变化的滞洪广场

地形水位线变化的滞洪广场

中央车站附近的一所多媒体学校，在2014年初新完成一件景观工程作品，让“滞洪广场”概念具体实现，完成一次尝试性整合。

鹿特丹，让我看见一座城市不断思考未来的可能性。而他们又是如何打造这片都市水广场的呢？

首先，以都市尺度来看，以往的排水概念都是以基地为制高点，将水导向外围的公共排水系统。在这里，思考的逻辑不一样。建筑物仍然是制高点，只不过基地周边道路不再是排水最低点，而是将广场中间景观区域设为最低点，像形成一个大碗，让水可以自然向内集中。这样，地面水道设计就可以因应坡度与高程关系，产生非常多有趣且多样化的设计。重点是，适时加入美学元素，让收集雨水这件事情看起来像门艺术。

其次，考量整体空间分布与滞洪广场容纳量，规划不同属性的滞洪广场系统。在这个案例中，滞洪广场总共划分为三区。

最大的广场，是随着水位高度而产生地景变化的篮球场。平常是运动场地，但在下雨时则摇身一变，成为可以容纳大量雨水的滞洪池。

另外，适当地整合坡度与阶梯变化，让滞洪广场可以成为练习滑板的斜坡场地。随着水位高度不同，在地面自然呈现出等高线的丰富变化。

每一种滞洪广场都有不下雨时的功能，以及下雨时的雨水收集方式。无论方式为何，绝对都与美学产生高度关联。

如果整个广场强调利用景观腹地来导引雨水，那么在细部设计上，就不能采取以往的“暗沟”来汇集雨水，一切都要以“明渠”的方式，更有效率地收水。因此，在水道材料选择上，采用不锈钢板来衔接高程，并创造平坦好清理的水流空间。当水道直接成为景观的一部分时，水沟盖就不再重要，因为即便有落叶枯枝，也可以轻易地整理复原。

看着水道以不同面貌出现于广场之上，或宽或窄，或折或弯，让四面八方的

停车场集水处

地面排水与不锈钢排水沟汇集

汇流进入滞洪广场

滞洪广场收水处

水都能自然顺流到中央的下沉式广场，让人不禁对于下雨时的淹水，多了一层趣味想象。

坐在广场感受水路之间的细微变化时，脑海里不断浮现鹿特丹在上海世博会展出的种种画面。真的，这座城市实现了自己的愿景，在创新思维与工程技术整合下，让都会区硬铺面的滞洪广场，展现出充满创意与无限未来感的独特面貌。

滞洪广场的成功尝试，更值得喜欢开发重划区盖住宅的台湾地区，在建筑之外的景观区域思考上，除了建造那些几年后就会被管委会封存的游泳池之外，另外思考不同的景观创意方案。

篮球场阶梯滞洪广场

斜坡滞洪广场

荷兰代尔夫特理工大学图书馆

GPS: 52.002735, 4.375348

图书馆内部空间

代尔夫特理工大学（TU Delft）是荷兰顶尖的工程与设计类大学。校园内，有一座始终话题不断的大学图书馆。它是各国参访图书馆建筑人士的必到之处，俨然已成为代尔夫特必游景点。它静静地伫立在美丽的校园间，迎接每一位“朝圣者”的造访。

远望，白色大圆锥造型醒目，冲出整片草坡之上，干净利落的白绿两色，让这座校园中的图书馆，看似低调，却如此出众。在看与被看之间，它不仅能融合周遭环境而谱出和谐音符，也能扮演视觉上的主旋律。

没有门禁管制，完全对外开放。这里不只是一座校园内的图书馆，更是社区民众的知识补给站。馆内不同造型、功能各异的桌椅应有尽有，分区摆放，满足不同人对于知识的各种渴求。

有别于一般图书馆的书柜所采取的平面陈列模式，代尔夫特理工大学图书馆采取垂直书墙的藏书策略，让人踏进馆内，就能看见整面直达屋顶的巨大书墙。因为有效利用垂直空间，平面空间的使用变得更加灵活，让整座图书馆空间呈现相当活泼的气氛。

壮观的书墙

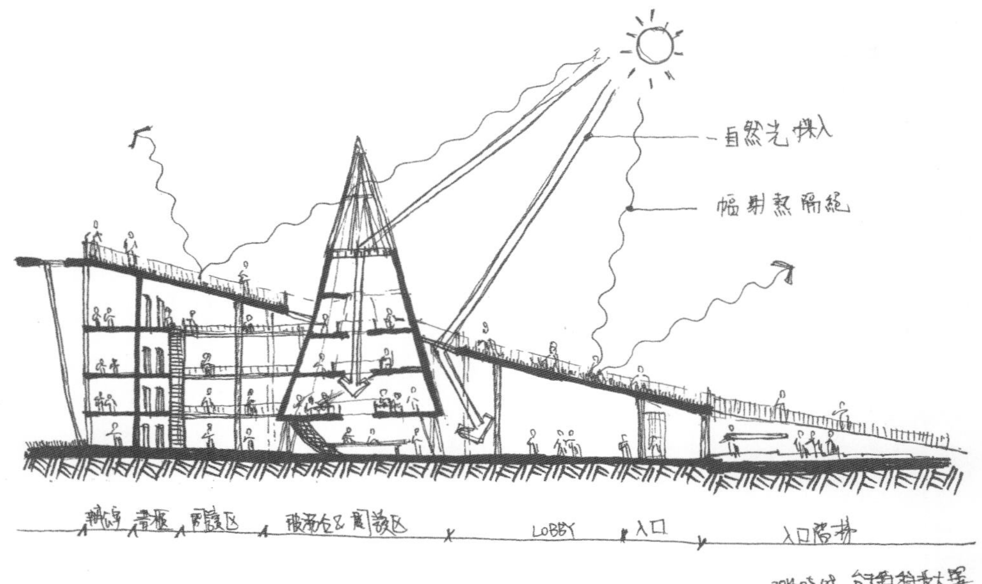

图书馆剖面手绘

代尔夫特理工大学图书馆正门

除了空间布局创新，这座图书馆有不少呼应气候条件的设计手法，值得一探究竟。

首先，是那造型醒目的圆锥，在上方开口及斜屋顶交界处，有自然采光；让整座图书馆内部，除了造型美丽的圆弧透光外，更在光源的取得上，充分利用太阳光，间接减少人工照明。尤其，当光线通过反射，晕洒在轻微起伏的混凝土白色圆锥墙面上时，更加突显光线的柔和感，也为下方的图书馆挑空空间，提供舒适的背景光源。

除此之外，大圆锥本身造型通透，也像一根烟囱。由于图书馆进出人员众多，保持空气流通很重要，这样才不会让人昏昏欲睡。因此，图书馆圆锥顶部的上方设有通风口，当室内空气通过采光玻璃升温时，气流会顺势而上往圆锥顶部集中飘散，新鲜空气也会从图书馆入口补充进来，形成换气循环。

通过实际观察，发现馆内的换气效果相当和缓。也就是说，圆锥顶部通风口

图书馆自然采光

采光环形玻璃

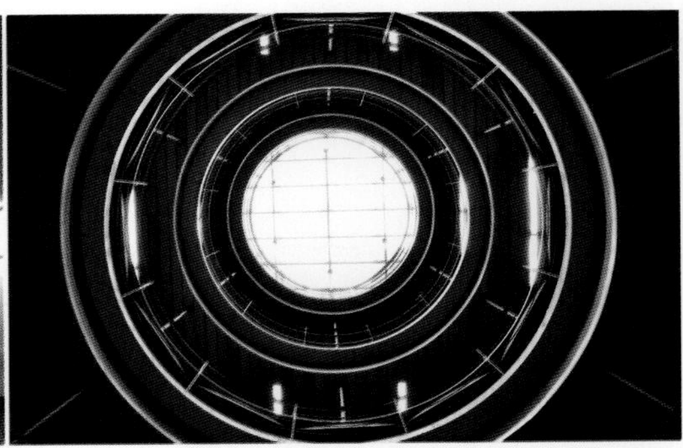

大圆锥内侧俯瞰

并没有如想象那般敞开。这样的调整或许跟舒适度有关，毕竟圆锥下方是图书馆服务区，要是有瞬间强大的上升气流，想必任何人都会感觉不舒服。

大面积绿色草坡屋顶和周围绿地连成一片，让绿意往立体空间延伸。除了视觉效果抢眼，大片草坡屋顶也能形成隔热层，让室内空间有效保温，借此也能有效减少室内冷暖气的使用，达到节能效果。这样的开放式设计，撇开所有的功能性不说，单是能在阳光明媚的午后，拿本书，半坐半躺在偶尔有小鸭相伴的草坡上，本身不就是一种生活享受吗？

图书馆永远都是大学校园的神圣殿堂，但是不一定非得严肃以对。在代尔夫特理工大学，无论想不想读书，这样的图书馆设计，都会让人想要亲近。

图书馆屋顶大草坡

冰岛的地热运用与地热游泳池

GPS: 64.145780, -21.879716

在冰岛旅行时，刻意空出一个下午，想要体验市区中的地热游泳池。游泳并不是主要目的，我真正想了解的是他们如何利用地热。

很幸运，在这里通过体验，找到了求索许久的答案。

2012 年，在日本和德国的旅行中，已经看过几个将再生能源转化为热能的室内水上体育馆，但是利用地热倒是第一次。

在冰岛，利用郊外火山的丰富地热资源，直接靠蒸汽庞大的压力产生电力，提供城市及小村庄所需。同时，高温蒸汽也通过管线输送，与净水厂结合，将常温的自来水有效加热。双管齐下，既能利用地热的“动能”发电，也能使用地热的“热能”加温，使地热资源可以达到双重利用的效果。

虽然，拥有丰富地热资源是冰岛的本钱，但是不过度使用是我相当欣赏的作为。当我全身浸泡在所谓的“地热游泳池”中，可以看见水面上蒸汽弥漫，但是实际上，飘散的蒸汽只是周遭气温相对较低所呈现出的景象，并不会让人感觉“温暖”。池中水温只有将近 30℃，反而要通过来回游好几趟，才会让身体温暖。

这样的感受，与我们对温水游泳池的认知，有极大差距；更与台湾地区各温泉区热到让人需要分阶段浸泡的温泉，有着迥异的想象。不一样的是，冰岛拥有取之不尽、用之不竭的地热本钱让水变热，但是他们只做到“刚刚好”；台湾地区天然资源缺乏，却使用额外电力成本让游泳池高耗能地保持水温。两相比较，很明显看得出对于能源使用的观念与心态层面存在的差别。身在当下的我这才明

冰岛郊外的地热一景

白，原来在这样的温水游泳池游泳，其实是一种太过奢侈的享受。

一趟地热游泳池的体验，帮助我了解到冰岛在能源使用上的运作模式与使用态度。这座位于北大西洋中部、大洋板块张裂地带的小岛，的确有许多方面冲击着我旅行之前的刻板印象。但也正是因为如此，才使得实际感受之后的改变，更为珍贵。

英国伦敦黑衣修士火车站

GPS: 51.511415, -0.103205

黑衣修士火车站月台

伦敦的泰晤士河，是牵动着大英帝国的最重要动脉。总是泛黄的河水，讽刺地与一旁的英国国会大厦相呼应。水域上方总共两百余座桥梁，无论是知名度极高的伦敦塔桥，还是极富设计感的千禧桥，都让泰晤士河有着独领风骚的多样景致。

过往的荣耀，不因时代巨轮的前进而褪色，反而愈发夺目，让横跨泰晤士河各年代的诸多桥梁，再次写下崭新一页。这样的改变，来自于一座跨越一百五十多个年头的老火车站的翻新。这座车站，称作黑衣修士火车站。

黑衣修士站，名字本身就透露着些许神秘，从蒸汽火车时代便已建造完成。即便沧海桑田，横跨在河面上的黑衣修士火车站，也风采依旧。经过一番整修，它摇身一变，成为目前世界上最大面积以太阳能板覆盖屋顶的火车站。

曾经看过这个火车站的系列报道，旅行走访伦敦，特别想要一窥其真面目。从地面欣赏这座火车站，很难发现它的特色，一旦居高临下，视野便完全不同。

不同于德国柏林的中央车站，黑衣修士火车站的屋顶，太阳能板规律地向南面倾斜，作为屋顶设计的主要架构，同时利用太阳能板的透光性增加室内采光，

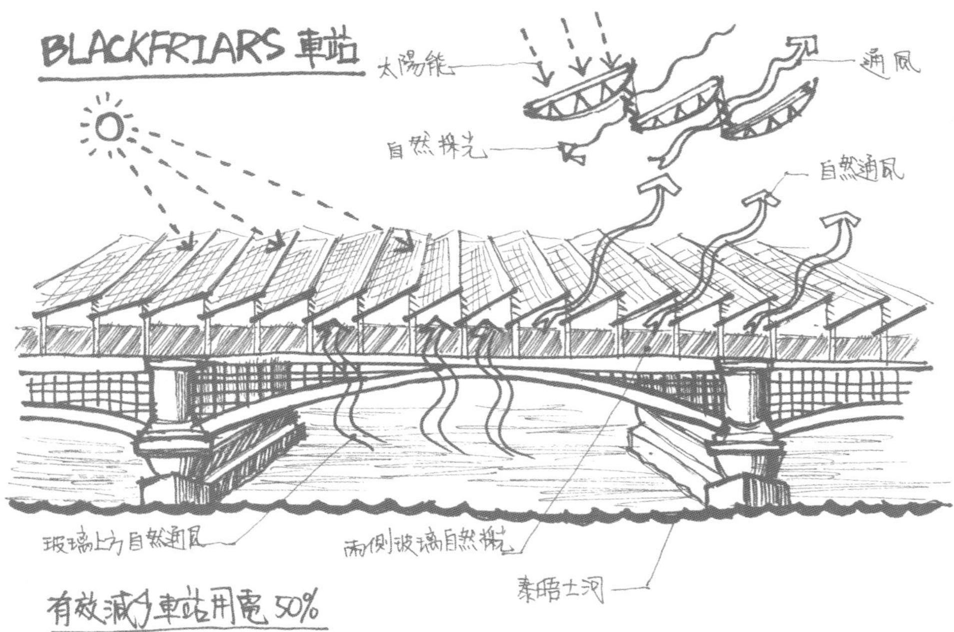

黑衣修士火车站运作机制示意

黑衣修士火车站立面

黑衣修士火车站鸟瞰

这座火车站反而利用太阳能板之间的固定倾斜空隙，搭配百叶窗装置，让光线经漫射之后，由车站北面洒落至月台区。因为有效隔绝光线直射，所以月台的采光显得相当柔和。

既然强调是节能火车站，那么自然通风的设计便不可或缺。黑衣修士火车站的南北向是火车铁轨，本身就具备双向大开口对流的条件。东西两侧靠近泰晤士河的玻璃窗，分别在上方留出一整排完整开口，让车站四面都可以通风。从四个方向导入的风，通过屋顶百叶装置排出，形成自然通风循环。因此，车站月台的

黑衣修士火车站屋顶细部

抽风换气设备只需要在紧急时备用，平常仅依靠自然通风即可。

通过上述两个主要的节能策略，黑衣修士火车站既能够以太阳能替代部分用电需求，也能通过合理的通风及采光措施，减少照明与空调需求。双管齐下，这座火车站每年可以比改建之前减少多达 50% 的用电量，不容小觑。

城市的进步，不在于沉浸过往的荣耀而陶醉其中，而是累积过去经验继续突破，走向未来。伦敦，始终给我这样的感觉。通过实地观察黑衣修士火车站，我更加体会到这一点。

法国巴黎盖布朗利博物馆

GPS: 48.860845, 2.297899

金属遮阳板外观

盖布朗利博物馆，以低调但不容忽视的酒红色立面，隐身塞纳河旁，与埃菲尔铁塔为邻，是一座主要展示非洲、亚洲、大洋洲传统部落文化的博物馆。

来到这座博物馆，馆藏内容并不是我关注的重点。真正要取的经是法国建筑大师让•努维尔（Jean Nouvel）在设计这座博物馆时所采取的绿色建筑手法，以及整座博物馆空间的景观配置细节。

氛围的营造，从景观设计开始。既然这是一座以传统文化为主题的博物馆，那么最能直接表现“神秘”气息的方式，莫过于从踏进馆区开始，就营造出原始的探险氛围。博物馆挑空一楼的建筑设计，让户外空间连成一体，创造出户外与半户外的多层次空间感。蜿蜒的红色沥青小径，搭配略为狂野的植栽配置手法，再加上不同属性的个别小空间，让整座博物馆户外景观设计的每一个角落，都能在“神秘”的主题下，呈现探险氛围。

踏进博物馆之前已有诸多惊喜，但是在这里得到的最大收获是观察建筑物如何配合博物馆的昏暗气氛，结合绿色建筑考量，让建筑物立面产生变化丰富的表情。

博物馆内部空间，配合展览品的神秘气息，光线格外昏暗。进光量的调节，是博物馆气氛营造的最重要课题。因此，这座博物馆“外遮阳”设计，就是特地

盖布朗利博物馆景观步道

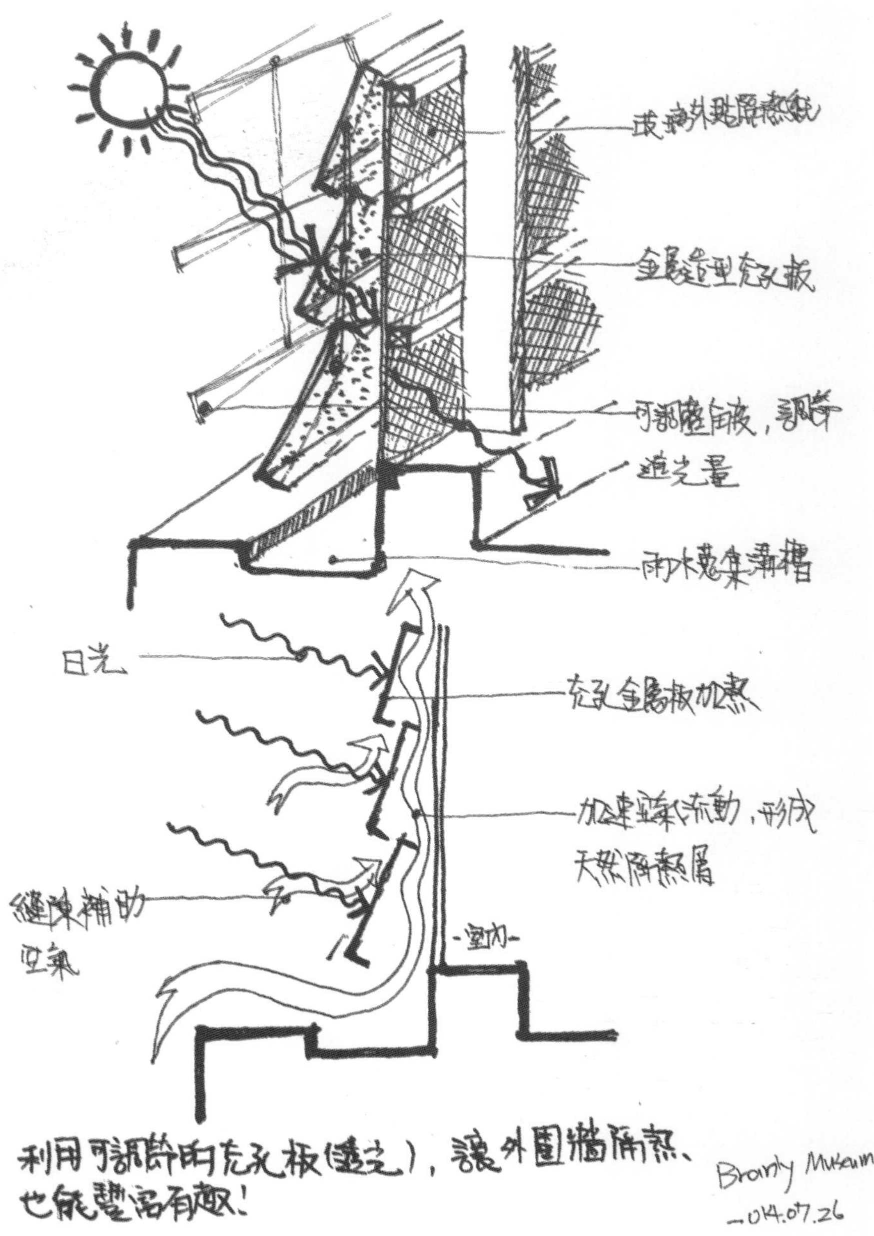

盖布朗利博物馆外遮阳机制示意

金属遮阳板（开启）

金属遮阳板（闭合）

造访此地的观察重点。

基本上，通过两道机制有效调节日光，博物馆就能有效掌控室内空间的昏暗气氛。

第一道外遮阳的设计，是一片片像鳞片般整齐排列的金属板，其本身就已经切割出有造型的缝隙，减少阳光透射。这些遮阳板以系统化方式配置，让人在猫道上，便可以通过手动方式自由调节角度，根据季节或天气调整进光量。

第二道外遮阳机制，是在玻璃外围，贴上类似汽车玻璃所用的充孔隔热纸。双管齐下，为博物馆内部空间创造出昏暗神秘气氛。

不过，外遮阳设计也不单纯是为了过滤阳光，更能同时有效形成隔热层。冬天为了增加进光量，金属板角度较大，外冷内暖，无隔热需要。但是夏天不同，

猫道

建筑物用来维修管线、设备所依附在结构下方或是侧边的狭长通道。

盖布朗利博物馆
景观空间

金属板的排列角度小，以便有效过滤日光，但因为金属板和玻璃之间留有适当空隙，所以能够自然产生一道空气层。充孔金属板受日照而升温，提高空气层内温度，因此加速了空气层内的对流风速，借此达到天然隔热层的效果。

借由仔细观察才能发现，看似单纯的外遮阳设计，原来蕴藏了如此精彩的设计巧思。

除了博物馆本身，临塞纳河河畔道路侧的建筑立面，被装饰成一整面绿墙，这是一面不刻意强调造型、图腾的绿墙。与台湾地区绿墙常用的塑胶壳系统不同，整面墙的植栽都种在一整面的土上，土层大约厚3厘米。虽然不知道这样的厚度是否足够养活植物，但是也发现植物的根系早已牢牢地将土层固定。我想这套绿墙系统有它自己的运作诀窍，只是无法单纯从外观做出判断。

无论如何，单就整片绿墙呈现出来的效果而言，很明显比我们设计中常用的塑胶壳模式，显得自然生动许多。

踏出盖布朗利博物馆，的确已在细细观察、品味下，从那些隐藏在诸多细节中的设计巧思，学习到不少实用的方法。

盖布朗利博物馆外立面绿墙

法国的遮阳美学

GPS: 43.296706, 5.361071

地中海博物馆

“遮阳”这件事，对于身处亚热带的台湾地区而言，格外重要。不过，在台湾地区虽然随处可见窗户外设有遮阳板，材料五花八门，但是多半仅止于“功能性”使用。要提升到视觉美学层次，似乎还有很大的努力空间。

旅程中，观察各个城市对于遮阳的设计巧思，极为有趣。在不同设计手法的背后，体现出不同的民族性与哲学思考。其中，法国的表现尤其抢眼。

即便位于同一个国度，当身处不同的纬度时，也会在步调轻盈的法式浪漫中，发现不同的城市氛围。在法国，遮阳不再只是满足功能的基本需求，亦融入国家与城市风格中。

虽然同是百叶窗

巴黎，位于法国北部，世界时尚之都。普罗旺斯艾克斯，地处法国南部，乡村悠闲小镇。截然不同的城市氛围，各具魅力的城市步调；在遮阳这件事情上，彼此之间又存在哪些共同点、哪些相异处呢？

从城市随处可见的百叶窗，可以一窥端倪。

著名的巴黎蒙马特山丘，过去曾经是大批艺术家、文学家孕育众多脍炙人口

蒙马特山丘建筑立面手绘

蒙马特山丘百叶窗

普罗旺斯艾克斯建筑立面手绘

作品的文艺聚落。这里的建筑，是整个大巴黎地区的缩影，也是最贴近平民的地方。路面随地形高低起伏，让建筑物韵律随之变化，连带让不同水平线上的建筑物窗户，应和着优雅的锻造雕花栏杆，跳跃舞动。看似间断但连续的美感，是蒙马特山丘最引人入胜之处。

若是把焦点放在每一扇窗户上，会发现百叶窗多半是直立式开启的样式。这样设计有个好处，让人得以由内而外推开窗扉，任由耀眼的午后阳光恣意地洒落脸庞，而百叶窗可以较轻巧地收到两侧，不容易遮挡视线。

好一份令人向往的法式浪漫！蒙马特山丘上的巴黎人对于阳光的渴望，高于对遮阳的需要，在恬淡闲适之间，感受和煦阳光的温暖。

但是，来到位于法国南边的普罗旺斯艾克斯，便可发现，百叶窗的形式，随着气候条件改变，呈现出与巴黎同中存异的细微变化。

这座号称“千泉之城”的迷人小镇，由巷弄间随处可见造型多变的小喷泉便可发现，过去生活在此地的人们对于“清凉”有着极大渴望。与巴黎相比，这里的夏天明显炎热，因此遮阳在这里就更为重要。

普罗旺斯艾克斯百叶窗

为了同时兼顾“阳光渴求”与“遮阳需要”，普罗旺斯艾克斯最常见的街景，是双开窗但又可以上下独立分成四片的百叶窗。这样的设计形式，在功能上类似于室内卷帘，人们可以依照需求选择开窗高低，调节进光量。灵活的搭配运用，让这座迷人小镇的每一扇百叶窗，都显得有意义。因为，人们可以选择完全关闭百叶窗，遮蔽阳光，也可以选择只打开最下面的窗，让绿色植物攀爬，在遮阳的同时，依然保持室内通风。

对于生活质量有要求，才会愿意在细节处创造不同。在法国，百叶窗是一个很典型的例子。对应城市的风格与气候条件，让遮阳这件事，也变成艺术。

马赛“遮阳”好好玩

作为法国海港城市代表，马赛孕育出特色的海洋文化，尤其是旧港周边的城市氛围，更能让人体会独具一格的地中海风情，领略别出心裁的地中海情调。漫步旧港，会发现南法的城市风格，特别在“外遮阳”的设计上，有诸多巧思与丰富变化。关于这方面的设计细节，格外值得细心观察。

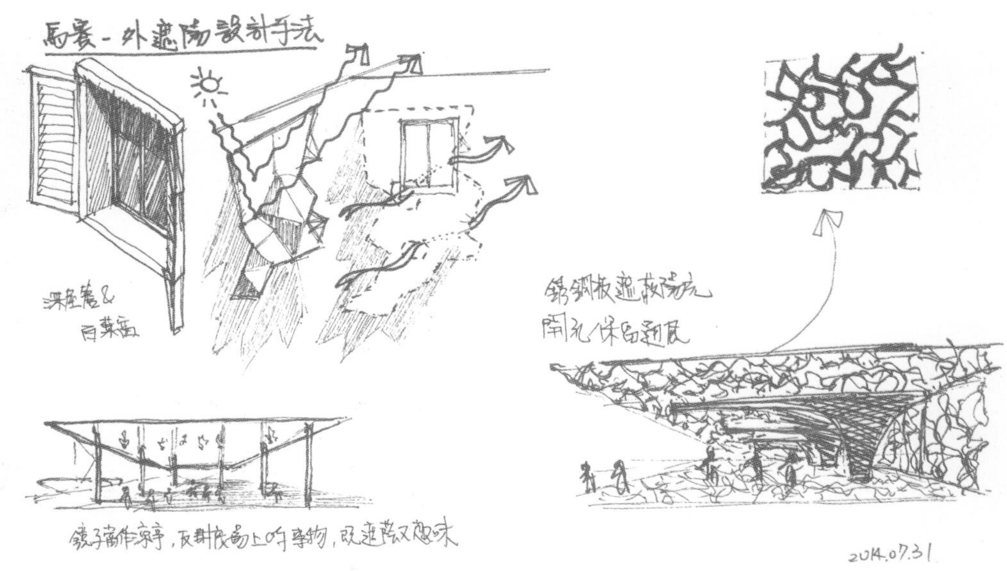

马赛遮阳美学手绘

马赛遮阳美学手绘

旧港广场是饱览马赛海湾美景的绝佳地点，也多半是世人对于马赛的第一印象。广场的开放空间设计，最能体现马赛因应遮阳而产生的趣味创意。

如何创造一个大面积的遮阳空间而又要隐藏巨大量体，同时还要兼顾人在空间里活动的趣味性？几根纤细的柱子撑起一大片空中镜子，马赛让这一切变得可能。随着阳光角度变化，人在不同的时间站在大镜亭底下，都能抬头感受周遭景色变化。人与海、人与船、人与阳光、人与周遭人群、人与身边活动，一切皆因颠倒而产生趣味，仿佛大家都是那片大镜子中的一处风景。

旧港出海口，有一处由旧建筑遗迹改造的博物馆，供人免费参观。在这片历史遗迹之中，地中海气息浓厚，那些钢铁自由曲折，变换造型，创造有趣遮阳效果，让人百看不厌。

原来遮阳这件事情，竟能以如此有艺术感的方式呈现！建筑物土黄色外墙上，

镜面凉亭

有几片不规则折角钢板，搭配造型开孔，让阴影随光照不断在墙面上产生变化，适当开口也同时能够保证窗户对流。驻足欣赏，钢条自由奔放，海风从孔隙间穿越，仿佛是有生命的植物，在半空中迎风舞动。

为了展示地中海的海洋文化特色，马赛政府在建筑遗迹旁边的码头旁新建了一座极为出彩的博物馆。同样，这座博物馆在处理阴影与遮阳的魔术上，创造出另一处亮点。设计这座博物馆的法国建筑师鲁迪•鲁森蒂（Rudy Rucciotti）与罗兰•卡尔塔（Roland Carta），擅长混凝土材料的创新应用，因此无论是外部宛若海水波纹的造型板、跨距极大的空桥，还是室内空间光滑的不规则造型立柱，都是混凝土不同效果的工艺呈现。水波纹的造型混凝土透空板，不仅是屋顶，也是立面外墙，包裹着内部的玻璃建筑物。在光影强势的介入之下，天空、立面、地面不

金属折板外遮阳

金属折板外遮阳

再有界线，连成一片，人就像漫游在地中海的海水之间，随着阳光载浮载沉、忽明忽灭。

“好热，热到快熔化！”这样的心境是否也能转变成一种遮阳创意？马赛街头的一处黑色凉亭，就让人会心一笑。宛如即将熔化的黑色蜡烛，仿佛温度再高一些就不复存在，却仍然在街边苦苦支撑，持续努力为过往人们保留烈日下的一处阴凉。看似孩子们的扮家家酒，却完全体现出法国人轻松自在的生活态度。

台湾地区与法国南部都有精彩的海洋文化，但是彼此对于呼应环境条件的努力却不同。如果说欣赏一处带有艺术感的遮阳设计需要驻足艳阳下，那么在马赛，再热我都愿意。

快熔化的幽默凉亭

天地一色的水波纹阴影

金属仿生棚架

混凝土水波纹外遮阳

西班牙巴塞罗那大楼立体绿化

GPS: 41.389295, 2.128706

Edifici Planeta 大楼阳台局部

巴塞罗那对于旅人来说，无疑是一处朝圣建筑大师高迪的圣殿。我在巴塞罗那的旅行观察，也始终绕着高迪打转。但是，在丰富多元的城市，总能在角落发现新鲜事。

走访高迪位于巴塞罗那西北角的早期设计，没想到被 Maria Christina 地铁站旁的 Edifici Planeta 办公大楼深深吸引。它让我看到以立体绿化作为建筑外遮阳及丰富整体立面的最佳示范。

这座建筑之所以吸引人，不是因为它多高级的设计突破，而是利用简单方法，依循自然与物理法则，让一切发生。看着它，不禁让我想起之前在工作中遇见的涉及垂直绿化项目时的大费周章。其实，让植栽与建筑合而为一并没有什么不好，但是不应该为了达到目的，反而额外耗费更多资源去建置和维护。特别是业主通常都很强调“立即效果”，更容易让原本的美意打折扣。

植物本来就需要时间去适应新环境，再慢慢呈现出原本期待的样子，硬要在一开始就达到预期效果，不是不行，只是衍生出来的频繁更换与维护，都是隐藏其中的成本。看看这栋大楼，西班牙是怎么做的?

在地中海周边城市，对遮阳与采暖有着同等重要的需求。

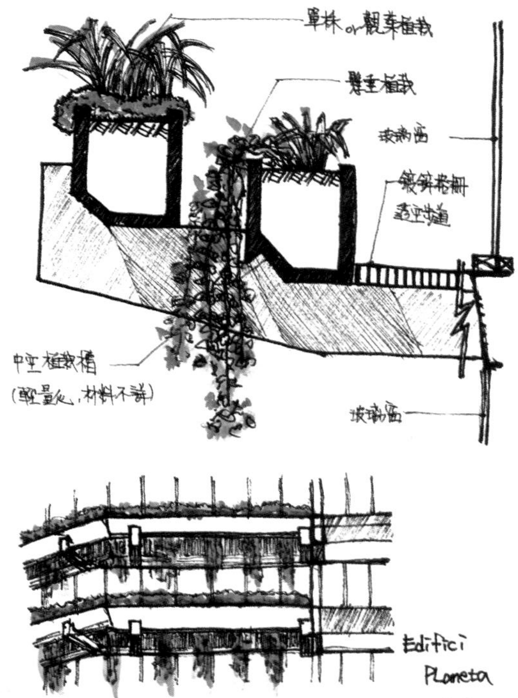

外遮阳双层花台设计剖面示意

Edifici Planeta 大楼外观

双层花台遮阳效果

Edifici Planeta 大楼将外遮阳的设计结合植栽槽，让整栋大楼看起来绿意盎然。这样设计的好处是，花台直接放置在建筑物出挑的结构上，兼顾整体视觉美感。另外，因为设计成双层花台，所以当作“屋檐”的遮阳效果也会更加明显。

双层花台的另一个好处，就是可以通过妥善的植栽配置，同时兼顾视觉效果与功能。在这栋大楼中，外层花台通常都配置观叶型或是悬垂度较小的植栽，让属于建筑物结构的白色线条得以突显。内层花台大多配置悬垂型植栽，让枝条可以从双层花台的中间自然垂落，不仅增强遮阳效果，也能当成背衬，再次突显建筑物的结构白色线条。

因为它就是最简单的花台，所以通过一般喷滴灌系统就能有效养护。即使进行修剪更换，也只需要打开各楼层窗户，相当直接与便捷。

同样是建筑物的立面绿化，可以用复杂的方式处理，也能用简单的方式解决。Edifici Planeta 大楼的立体绿化效果能够表现得如此出色，最大的原因就是它让植栽在最合理的状态下生长。简单来说，就像人们在阳台上种花，只不过这栋大楼将阳台的元素转换成出挑的结构来支撑双层花台，才造就如此随风摇曳、生动有趣的景观效果。

双层花台绿化效果

西班牙巴塞罗那
高迪巴特罗公寓

GPS: 41.389295, 2.128706

骨骼造型阳台

安东尼·高迪（Antoni Gaudi），是西班牙加泰罗尼亚（Catalunya）地区的一位传奇建筑师。他总是使呈现在众人眼前的建筑风貌，充满戏剧性的感性，但是所有完美结合的背后，又是细腻与分析之上的理性。体验他的设计，最轻松也最困难的部分，就在这里。除此之外，隐藏在设计背后的价值观，一种“本该如此，不需强调”的环境哲学，更是我在参访高迪数栋建筑物之后，得到的最大启发。

巴特罗公寓（Casa Batllo），坐落于巴塞罗那象征身份与财富地位的贾西亚大街上，是 20 世纪初，当地一位纺织大亨委托高迪设计的私人宅邸。从外观上看，它犹如巨龙盘踞在大屋顶，阳台宛若动物骨骼的造型。光从大街上远望，就已经让人期待追寻高迪无远弗届的想象力，来一场充满幻想的旅行。

真正踏进巴特罗公寓，映入眼帘的奇幻世界，会让人想要暂时抛开所有认知与束缚，单纯通过体验，探索这个充满细节与感动的奇妙空间。

巴特罗公寓的内部空间，犹如海底世界。无论是开窗、墙壁瓷砖、天花板漩涡的造型，还是一切可能的细微之处，都通过高迪的巧思，让人暂时忘掉一切烦恼，为回家找到一个最单纯的理由。

光线，永远是高迪变魔术的好道具。如何通过色彩学安排，让空间中的不同

巴特罗公寓外观

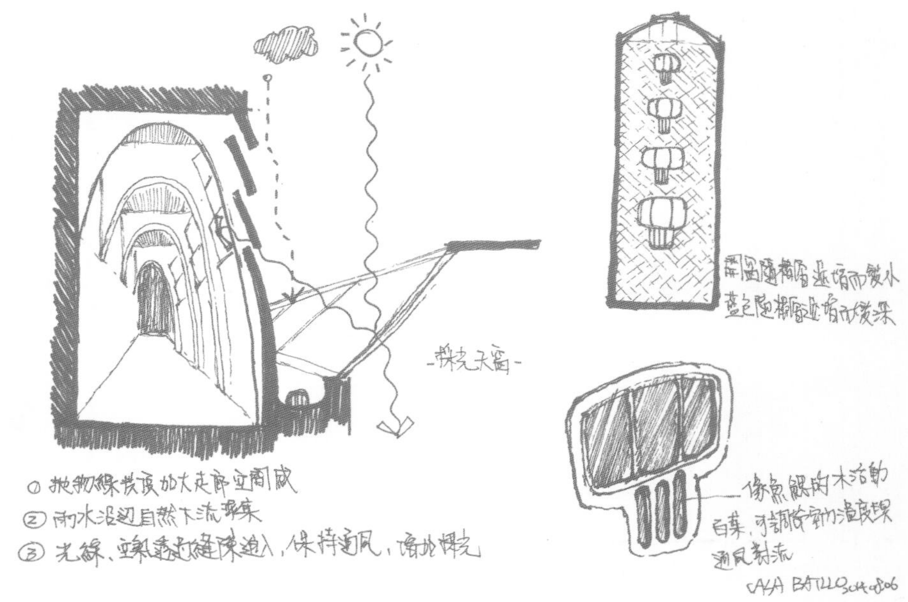

巴特罗公寓设计巧思

高度，可以得到均匀的光线分布？那些墙壁上看似梦幻的蓝色瓷砖，把整个天井装点成海底世界般的梦幻想象。有轻柔淡雅的蓝，有珠光宝气的蓝，有朗朗晴空的蓝，有光透海洋的蓝，有海底深处的蓝。不同的蓝，由低至高，由浅至深，渐层式安排。这绝非巧合，而是在考虑色彩平衡，以及不同楼层光线的需求之后，做出的合理安排。

高楼层住户离天窗近，阳光充足，因此墙壁瓷砖采用深蓝色，降低天井光线的刺眼感受。低楼层住户，需要充足光线，因此瓷砖的蓝色偏淡，让光线容易反射。

各楼层的开窗大小，并非一成不变。同样，配合不同楼层的光线需求，巴特罗公寓在天井旁的建筑开窗，顺应色彩变化，呈现由下到上渐渐变小的分布形态。搭配色彩的瓷砖排列，让各楼层住户都可以享受阳光，并让材料的使用达到节省的目的。

鱼鳃式百叶窗

扭转式天花板

除了开窗大小不同，窗户本身的贝壳造型，也是视觉与功能结合的另一代表。通过窗户下方精美的、模仿鱼鳃的可调节式木雕百叶，住户可以更加容易地实现温度调控与保持空气对流。夏天，可以打开鱼鳃式百叶，让各楼层空气流通；冬天，可以关闭鱼鳃式百叶，让壁炉提供的温暖不容易外散。

如此功能性强的装置，让人感受到的是高迪对自然观察的用心，以及如何利用创意将其转化成为整体造型的一部分。在空调设备尚未发明的 20 世纪初，能利用这样的巧思来调节建筑物的室内环境，实属难得。

百年前的高迪，就已经有如此前瞻性的思考。用感性来展现理性，在功能之外附带想象美，不是吗?

低楼层瓷砖的轻柔淡雅蓝

抛物线拱廊过道

抛物线拱顶，是高迪的设计中，另外一项广为人知、出神入化的成就。这项创新被应用在巴特罗公寓的屋顶工作平台过道，更突显其价值。

细长狭窄的过道，在视觉上通过抛物线拱廊的修饰，增强了空间宽敞感。搭配拱侧边的渐层式开口，类似百叶窗的机制，使雨水能够在建筑物外侧滴落，空气得以自内向外对流，光线可以自外而内穿透，以达到修饰狭窄过道的目的，让简单的过道也能呈现如此高规格的设计。

顺着回旋阶梯慢慢踏上屋顶，感受巴特罗公寓不同于周边建筑的特殊韵味，近距离地碰触巨龙屋顶的碎瓷砖鳞片。如此精致的屋顶，当年并没有画施工图，而且很多破碎瓷砖来自于其他建筑物的废弃材料。仅凭着高迪脑海中的画面及不

没有施工图的碎瓷砖墙面

碎瓷砖鳞片屋顶

间断地与现场师傅沟通调整，让质感最终得以呈现。设计者不只应会想会画，更要有能力与现场人员沟通，让施工者有参与感，让设计者有成就感。这不容易，但这是亲临高迪建筑物最大的体会。

踏出巴特罗公寓，我像个不想奇幻故事结束的孩子，仍在一旁的街角，静静望着它。有好多设计上与自然元素的对应、细节上的巧思，不断浮现脑海。在高迪 20 世纪初的设计之中，已经充满了许多 21 世纪的我们需要重新找回的永续观念和想要学习的设计手法。这些内容，不是一堆死板的教条，而是细腻感性的线条集合，让我们每一个人重新思考环境与美学兼顾的可能性。

意大利米兰垂直森林大楼

GPS: 45.485729, 9.190119

垂直森林大楼特写

2015 年，适逢五年一度的世界博览会，继上海之后，这届盛会由主办城市米兰接棒。为了让众人看见米兰的精益求精，在城市的中心区块，进行了一处大规模的都市更新计划，称作“PORTA NUOVA”，希望透过意大利式的设计，让世界再一次关注意大利。

PORTA NUOVA 计划的众多执行方案中，又以以垂直森林住宅大楼为主题的“垂直森林大楼”最具雄心。它以实际行动勾勒出人类住宅生活不一样的未来。

垂直森林大楼从兴建之初，就得到各界的关注。这似乎又是近年来设计上的一股风潮：都以为在模拟的时候贴上漂亮又枝叶茂密的大树，实际盖出来也会那么美丽，却不知实际情况有许多先天不利条件必须克服。因此，不要永远只是模拟图漂亮，真正完工只有叶子两三片。

试图一探究竟，就是我来到米兰最想前往此处的原因。

整体来看，垂直森林大楼的立面，已经呈现出水平方向上的浓密感，而且不同树种之间的高低关系也被刻意设计过，的确有“垂直森林”的味道。毕竟，在半空中种树是该方案的主轴，足够的覆土绝对是成功的关键，因此出挑的阳台结构和花台本身，在设计之初就必须有很好的整合。

垂直森林大楼外观

创新的乔木固定手法

令人好奇的是，建筑物的四个立面都被绿树包围，但是植栽的种类为何没有因为方位的不同而有所不同呢？这个问题，是我在现场观察时最大的疑问，也格外需要时间来做后续追踪观察。但是，若是不探讨方位的问题，单纯从植栽设计的美学角度来看，垂直森林大楼在乔木种类的选择上，将锥形树、伞形树、大小乔木、塔形树，分别依照阳台高低关系搭配设计，的确让住宅大楼外立面因为绿树而显得更具动感与自然。

要抵御大楼四周强风，植栽的固定是最大难题。如果没有处理好，整栋大楼不但无法因为绿树而增添姿色，反而会因增设支架而破坏美感。关于这一点，垂直森林大楼的创新，值得学习。固定每一层楼大树的钢索，不是传统“插土桩”的固定方式，而是将大树套上可调节尺寸的固定套环，将钢索向上拉，固定在上方楼层的阳台底部结构上。如此一来，视觉上可以将固定钢索的存在感降到最低，同时也能有效将抗风的力量由整栋大楼结构共同分担。

要维护这么多棵大树的翠绿，平日的浇灌作业，是决定效果成败的关键之一。垂直森林大楼在用水的管理与效率上，从设计之初便思考到位，从“浇水”这件小事来节省全栋大楼的养护成本。大楼屋顶设有雨水回收装置，收集的雨水全部用在大楼外围的大树上。舍弃各层住户自行管理的模式，而是通过专业团队，将整栋大楼视为整体，检视每一个方位每一棵大树的用水需求与健康状况。

真正走访米兰，亲临垂直森林大楼底下，感受鹤立鸡群的大楼与周遭既有住宅区的肌理关系，内心难免兴奋。我们可以说这个案例哗众取宠，但是从另一个层面看，这栋大楼同样也极具试验性。垂直森林的住宅想象，未来绝对会以更多不同的形式，出现在世界各大城市。

实际的走访观察，目的是希望学习他人的创新与长处，再转化成适合当地气候条件的“实质”发展策略。垂直森林的概念，只要做得好的确可以成为 21 世纪城市的成功之道，而不会只沦为模拟图上绿意盎然的乌托邦想象。

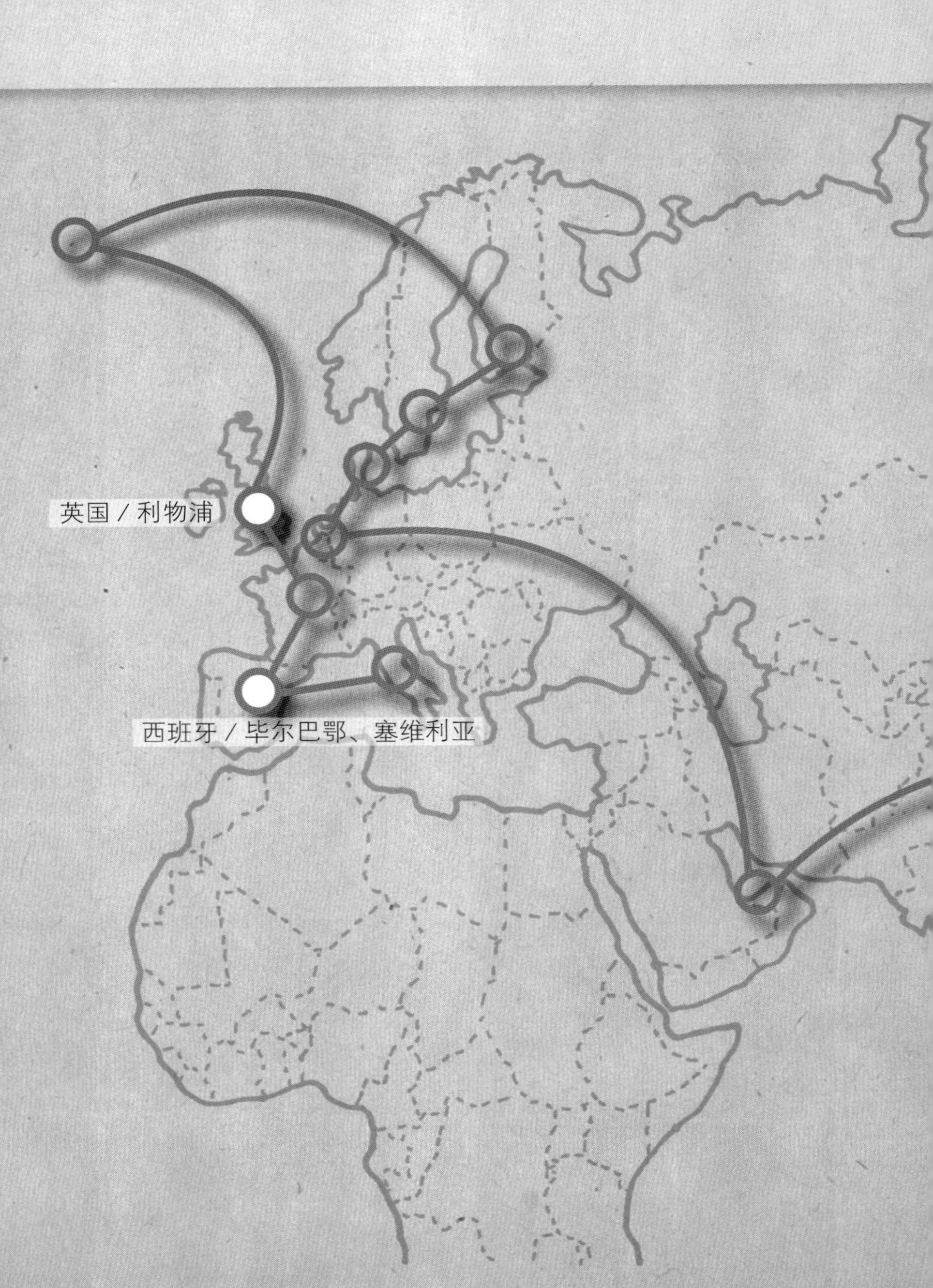
英国／利物浦
西班牙／毕尔巴鄂、塞维利亚

第四章

换个角度思考都市更新

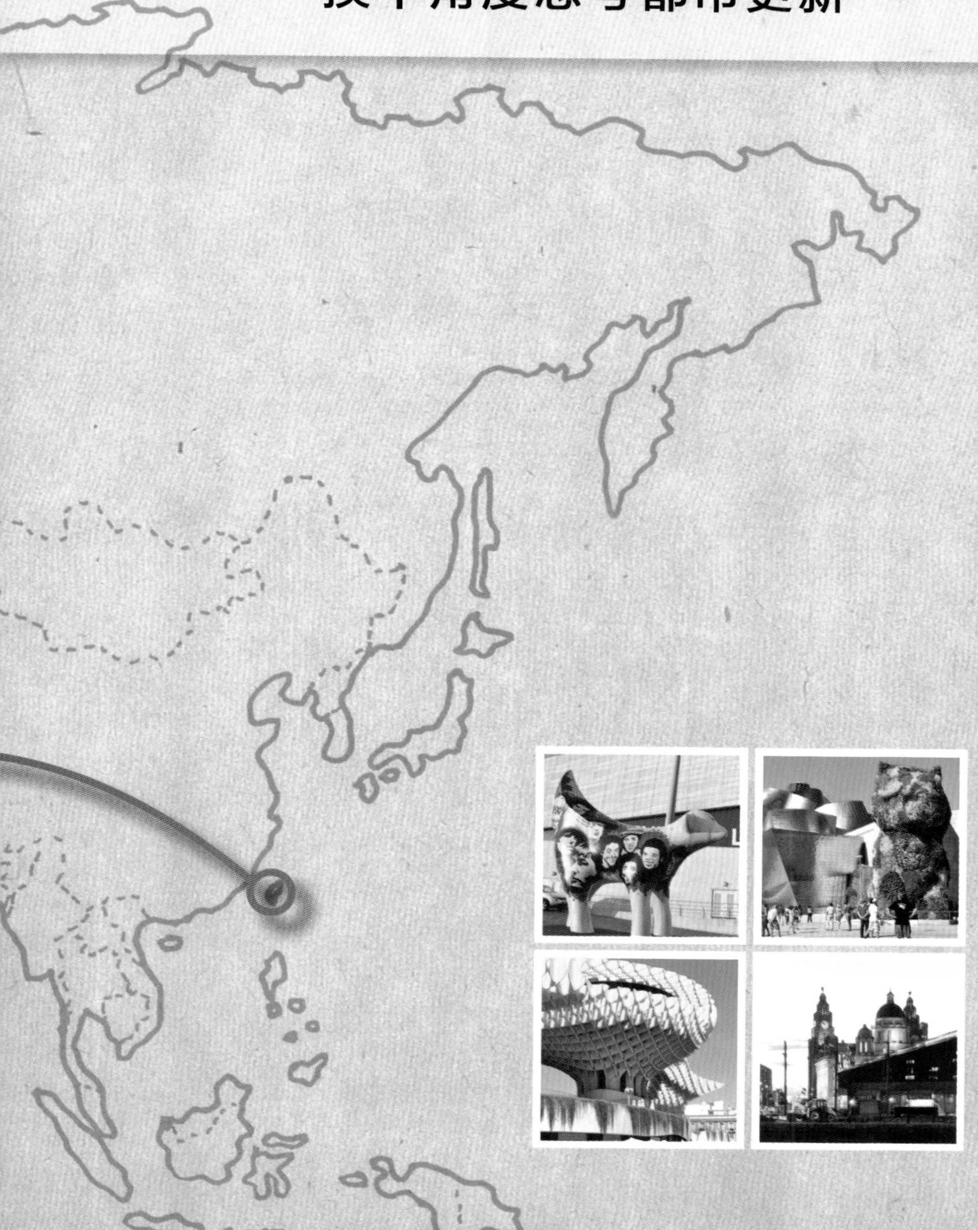

英国利物浦的摇滚文创艾伯特码头

GPS: 53.400748, -2.991697

利物浦与披头士

有属于港口城市的大器，丝毫不遮掩地张开双臂，欢迎每一位访客的莅临。船行经过的鸣笛声，夹杂着不同方向传来的披头士乐声，利物浦呈现一种不同于其他港湾城市的步调与氛围。

若是要将英国的传奇乐团“披头士”与一座城市画上等号，相信全世界的人都会联想到利物浦。又因为披头士合唱团的影响力，利物浦如今成为英国中北部的观光大城。

昔日的默西河（River Mersey）东岸，利物浦港口船只络绎不绝，甚至还曾经是大批英国人扬帆启程前往美洲新大陆的港口。但是，随着世界航运蓬勃发展，往来船只日渐增多，原来的码头腹地无法容纳，再加上新型船只吃水深，属于河港的利物浦码头泥沙沉积，深度受限，导致码头相关设施渐渐向出海口迁移。而沉寂好一阵子的旧码头经过一番改造，不再肩负航运要务，摇身一变成为休闲港湾，成就了眼前这一片艾伯特码头（Albert Deck）。

艾伯特码头在改造之初，就主打结合文创、观光、休闲的综合开发计划。以城市本身的故事作为基础，利用码头的旧建筑群为腹地，转型为兼具餐饮、零售、展览、办公等复合式使用的新形态，让码头转型成为带动利物浦观光发展的新引擎。

利物浦艾伯特码头

艾伯特码头水岸景观

鸟瞰艾伯特码头

变化丰富的造型石阶

利物浦最大的两个卖点：披头士、足球。抓住这两个观光主轴，全面整合各方资源，设计大量相关文创产品。无论在正式博物馆还是一般零售店，都可以感受这座城市铺天盖地式的营销。

这样的营销手段，相信能够让原本对披头士不了解或对利物浦足球队没太多认识的人，在城市不同的角落，感受这座城市最引以为傲的音乐与运动，更不用说那些将利物浦视为朝圣中心，专程因披头士及足球慕名而来的大批粉丝了。

利物浦利用城市的故事发展文创观光，那么在艾伯特码头，又要如何利用设计来营造特殊的港湾氛围呢？

港口边，简洁、亮丽的利物浦城市文化馆，是从艾伯特码头开始认识利物浦的最佳入口。文化馆内部的展览通过年代划分与空间场景营造，带领参观的人们进入时光隧道，探索利物浦从无到有的历史发展轨迹。两面大片的落地窗，一面见证百年地标大楼的风华，另一面又化作休闲港湾的框景，仿佛一只潜望镜，让人有机会由内向外一窥利物浦的前世今生。

由红砖仓库改建的水岸餐厅

水岸旁，分布着有高低落差的步道与斜坡。造型感强烈、不规则切割却带有韵律美感的石头造型楼梯的衔接，为水岸边增添了视觉丰富度。这样的楼梯与坡道设计，或许在一般人看来只是过道，并不会多加留意；但是对于设计领域的专业人士而言，绝对能够从中领会工程的细节掌握与质量要求。

码头边，成排停泊的帆船，被周遭火头砖的旧仓库所围绕。看似不起眼，但这正是艾伯特码头改造的精神所在。

利用建筑群集中连续的特性，为新的艾伯特码头加入众多亮点，如以当代艺术为主题的泰特美术馆、强调港口文化的海事博物馆、独立出租的艺术创作工作室及艺廊、适合大众的港口餐厅或零售商店。多样化的业态，环绕在“口”字形的空间配置，人们总能置身其中，找到一处属于自己的文艺角落，在不同楼层、不同角度，偶尔从红褐色的锈铁窗外，一窥波光水影，远眺利物浦天际线，鸟瞰熙来攘往的人群。

走在艾伯特码头，我不断地回想起曾经到访过的日本横滨 21 世纪未来港。这两座城市都以红砖屋改造作为文创产业的腹地，都在港口改造的过程中保留过去的历史与遗迹，都在码头区加入了新的亮点作为观光宣传的利器。

河港历史遗迹

艾伯特码头红砖屋仓库

各种艺术形式的披头士

我个人深深觉得，这就是好设计所能延伸的价值，因为它不仅能让外行人看热闹，更提供内行人看门道的机会。

文化创意产业，可以说是从生活延伸创意，进而创造商机的产业发展模式。有效建构正向的发展循环模式，的确能够对一座城市的转型产生深远的影响。

走访艾伯特码头之后，我深深体会到“文化”来自于“生活”的重要性。而这样的体悟，则与从利物浦大量接收到关于披头士的影音信息有关。这座城市用多元化的方式，向造访者推销自身故事与摇滚文化，让人们对于利物浦的城市印象更加鲜明。

这种发展模式，不禁让我联想到摇滚乐团“五月天”。他们近几年在高雄市政府的大力协助下，连年在高雄体育场举办为期一周的跨年演唱会，甚至成为高雄市诸多营销文宣的代言人。对于将文创休闲产业视为重要转型关键的高雄市来说，也是间接地在塑造未来的城市故事，让亚洲各国年轻人能够从此刻开始建立五月天与高雄市的联结。或许，在不久的将来，也能将这样的联结，转化成今日我在利物浦所看见的样子，发展出另外一种特色文化。

城市的转型，结合过去累积的故事与文化，进而创造新业态，实现永续发展。利物浦，持续走在转型的路上。

黄昏时的艾伯特码头水岸

我所体会的“毕尔巴鄂效应”

GPS: 43.268677, -2.934012

城市创意地景

通过造型华丽的建筑物吸引人们目光，为城市创造话题，紧接着带动观光人潮，最后达成促进产业转型与提高经济效益的目的。这样一套让新兴城市脱胎换骨的发展样板，就是举世闻名的“毕尔巴鄂效应”。

但是，毕尔巴鄂（Bilbao）又是如何成功，而且历久弥新的呢？

初来接近夏日尾声的毕尔巴鄂，刚好是一年一度热闹的音乐庆典。城市街灯格外明亮，大型公园满是欢乐的音乐演奏。走在黄昏热闹的街头，无限徜徉在周遭美妙旋律当中。

曾经，毕尔巴鄂是西班牙北部的重工业都市，城市严重污染，河流污浊，根本无法与今日美景相比。以重工业为主的毕尔巴鄂面临严重萧条，整座城市面临产业转型的关键时刻，彼时，似乎这座城市已经找不到未来。

不过，危机也是转机，当时的市长把握了古根海姆博物馆想要在欧洲设立分馆的契机，极力争取，并力邀以数个建筑设计闻名的弗兰克•欧文•盖里（Frank Owen Gehry）担任建筑师。在一番努力之后，完成了一座造型抢眼、话题十足的博物馆，让毕尔巴鄂在 20 世纪末忽然成为世界瞩目的焦点，从此成为加速它城市转型的引擎。

毕尔巴鄂古根海姆博物馆手绘

一座博物馆，究竟有什么样的魔力，可以就此改变一座城市的命运?

远远看去，入口广场上那只可爱的花花大狗，已经吸引众人目光。紧接着，透亮反光的钛金属科技感建筑外墙映入眼帘。这一幕，像魔力一般，让人目不转睛，加快了前进的步伐。

才踏进博物馆大厅，早已不安分的线条此刻已放肆狂放，既像飞舞的巨龙，又像摇曳的裙摆，更像幻想的梦境，于是目光从此不再专注，开始着迷似的抬头张望。

钛金属外墙、曲面玻璃的交织线条，仿佛让建筑物没有明确的室内外边界，允许光线自由穿透，放任玻璃恣意穿梭。第一次触摸到质感特殊的钛金属面板，不禁对它所呈现出来的效果，大为惊叹!

河岸旁的广场空间，一座曲线桥打破了原本河岸延续的线条，让人的视线与动线，都能稍微地向蓝带河移动。而这座桥同时也是博物馆外围水池的边界，让人得以回眸建筑物的华丽倒影。

最特别的莫过于当人走在桥上，会完全迷失在水池与河岸的分界。仿佛整片

古根海姆博物馆迎宾广场

奔放与保守的张力

博物馆内部奔放的线条

水域彼此相连，仿佛博物馆是直接盖在水边，仿佛人们已经走到河中央回望博物馆。这段美丽的错觉，让我对因为设计而产生的空间美感，格外印象深刻。

但是，我究竟是来看博物馆的建筑物，还是来看博物馆内部的收藏？我相信这个问题不只是我在问，同时也是很多到访者心中的疑问。简单的一个比喻很能形容此刻的心境。

此刻的心情，像参观台中雾峰的亚洲大学美术馆，大家的心思似乎都放在安藤忠雄先生设计的美术馆建筑，有几个人认真去看美术馆陈列的展品呢？

无论如何，有话题的博物馆，有话题的城市，已经成功吸引人们前来，至于人们在这之中各自体会到什么，就只能各凭本事了。

虽然有了古根海姆博物馆，但毕竟只是起头，如果毕尔巴鄂已经设定要转型成以文化、观光与服务业为主要产业的城市形态，它如何做到？单凭一座博物馆，无法支撑大局。旅行观察的脚步必须延伸到城市的大街小巷中，找寻蛛丝马迹。

让水池与河流融为一体的弧形桥

综观而论，毕尔巴鄂的转型仍然是进行式，真正要达到各篇文章报道所描述的程度，仍然需要更多努力。但是，要说毕尔巴鄂如何转型，或许，我们可以从三个方面来讨论，分别是大众运输连接、都市开放空间全面改善，以及善用旧建筑活化新空间。

大众运输连接

大众运输，本身就是城市发展的基础。毕尔巴鄂是一个南北两侧被丘陵围绕的盆地，城市本身的发展腹地原本就受限。因此，它的火车站和巴士站分别处在城市的两端，连接并不容易。但是，通过古根海姆博物馆的设立，刚好让三者构成一个金三角，而环绕市中心外围的轻轨系统，就巧妙地将它们衔接串联。这条轻轨可以说是欣赏毕尔巴鄂精华地带的黄金路线。毕尔巴鄂比其他城市更用心的地方是，它的轻轨直接与河岸绿地系统整合，人车虽然分流，但是整体视觉的延续性并不会被打断，反而让轻轨路线更优雅。

除了轻轨的地面连接，毕尔巴鄂还有一个重金打造的地铁系统，负责运输市区到港口边整段蓝带河周边住宅区的民众。地面出入口的设计采用不锈钢和弧形玻璃简洁的搭配，而地下月台层的墙壁则全部由清水混凝土打造。体验过后，感觉毕尔巴鄂似乎在地铁设计上有点走火入魔。清水混凝土的分隔太精准，某些地

整合单车、汽车、轻轨的设计美学

毕尔巴鄂市中心区的地铁站出口

毕尔巴鄂地铁一景

方甚至有点矫枉过正。这样的分隔要是出现在一般建筑物，应该非常漂亮，但是以这样的形式出现在地铁站，反而让人有些窒息。

都市开放空间全面改善

毕尔巴鄂城市改造的第二个阶段，是市区各个主要开放空间的美学改造。以新兴城市来说，毕尔巴鄂对新设计的接受度非常高。许多亲切的公共设施都让人为之惊艳，看得出来城市的用心。但是，这个阶段的改造，仅止于让城市“看”起来很美，因为这种类型的公共空间设计，充其量就是让市民拥有一个充满美感的生活环境，还无法称为景点。因此，一般游客除了欣赏古根海姆博物馆，很少花心思瞩目于这种类型的城市改造。

无论如何，这个阶段的改造相当重要，因为它让城市整体的居住质量提升，也能有效地为城市整体印象加分。

善用旧建筑活化新空间

要有效拉长观光客停留的时间，才能实质创造观光收益，这才是城市进行产

城市街道家具一景

业调整的本意。因此，毕尔巴鄂的城市改造势必得创造更多“亮点”，既能促进自身文化发展，又能吸引众人目光，让一般游客除了造访古根海姆博物馆，还有继续停留的诱因。这就是毕尔巴鄂目前正在努力实现的目标，活化城市的旧建筑，打造文艺新空间。最好的案例，就是刚落成不久的 Alhóndiga 文化中心。

Alhóndiga 文化中心的前身，是毕尔巴鄂市区中已经有百年历史的酿酒厂。这个计划保留旧酒厂外观，让城市共同记忆延续，全面进行内部改造，将其打造成为兼具艺术展演、图书馆、餐厅酒吧、健身中心、剧院及高空透明屋顶游泳池的综合性空间。

从改造后的新空间，感受得出与旧建筑衔接的用心。例如，从新增加的楼梯与钢板的巧妙结合，看得出原有楼板被拆除之后的细节处理。另外，它也试图创造另一种话题，因此挑空空间的 43 根支柱，都是独一无二的，让游人各自寻找自

Alhóndiga 文化中心 43 根风格迥异的支柱

已的最爱。而这个改造案中，最吸引人的绝对是那座游泳池！让人悬在那么高的空中游泳，无论对于泳客，还是对于站在下面抬头望的游客来说，无疑都是一个最大的噱头。

毕尔巴鄂在上述三种硬件类型的改造之外，也持续在文化的软实力上，慢慢累积能量。“办活动”这件事情，在台湾地区往往流于政治口水，不能用全面的角度来看待这种类型活动本身的价值。假如用心经营，它就不会只是一场热闹的嘉年华，曲终人散就人去楼空。相反，城市能够借此累积新的文化与传统，为未来的营销增值。

毕尔巴鄂的音乐庆典，十几年前根本没这回事，谁会想去脏乱的城市听音乐？但是如今这已经成为毕尔巴鄂的夏季盛事之一，吸引许多西班牙年轻人共襄盛举。光是从订不到酒店，便可看见这项活动的吸引力。

城市的转型之路，永远是一条漫漫长路，而且一翻两瞪眼。成功了，马上成为全世界效仿的对象；失败了，很快就在城市的竞争之中节节败退。毕尔巴鄂不是最厉害的城市，但是它持续努力的过程，是我从旅行角度的观察中感受很深刻的。

毕尔巴鄂，已经不只是在跟别的城市竞争，它也一直在努力超越自己。

Alhóndiga 文化中心外观

Alhóndiga 文化中心迎宾大厅

西班牙塞维利亚的都市阳伞

GPS: 37.393321, -5.991937

大蘑菇一景

塞维利亚，西班牙南部的黄金之城。当年，一批又一批来自新大陆的黄金、咖啡，都由这座城市上岸，为欧洲与美洲紧密的贸易联系，开启繁华篇章。

从老城区的一砖一瓦，还能看见过去摩尔人统治此地的伊斯兰文化痕迹。那蜿蜒曲折的街道，不时飘散着与阿拉伯国家同样的香料气味。

古风浓郁的塞维利亚，虽然是西班牙南部安达卢西亚（Andalucía）地区的观光大城，但是那并非我前来此地的原因。会来到这里，完全是为了曾经在杂志上看到的“大蘑菇”，想要一窥它与周遭老房极为不协调但依然能够完成更新改建的背后原因。

如果说这个造型前卫、动感十足的建筑物，是一个菜市场，你会相信吗？

菜市场盖成这样？这么突兀的造型出现在城市的旧市区，居民不会抗议吗？

没错，这是一定会遇到的问题，看看西班牙人如何解决。

从决定动工开始，设计团队就和当地政府举办多场说明会，试图让当地民众、周遭店家、原有摊商，以及所有关心这件事的塞维利亚市民，能够更加了解整个计划的始末。当然，这不是单向的说明，同时也会接纳民众的意见，进行设计调整。

塞维利亚都市阳伞手绘

老街区街道的遮阳帆布

因此，即便完成后的样子仍然受到许多保守的市民批评，但就整体而言，最终方案已经取得各方民众的共识，是一个相当成功的“参与式设计”典范。

为什么会有这样一个都市更新的案例呢？

这座广场，过去是塞维利亚热闹的菜市场，不过，渐渐随着时代衰落，在塞维利亚的市中心区，沉寂了将近二十年。当地政府在 2004 年通过国际竞标，选出德国建筑师的作品，试图通过全新的设计来重新活化这个区域。

设计概念的原点，从“都市阳伞”出发。真正置身塞维利亚，可以发现旧市区的街道上方，布满各个方向的白色帆布。这不仅成为西班牙南部的特殊街景，也为行人提供了阴凉。将这样的生活意象转化成为设计主轴，既贴切又吸引人。因此，新完成的“大蘑菇”，在我个人看来，可以说是都市意象的延伸与进化。

CERVECERÍA LA SUREÑA
CERVECERÍA LA SUREÑA
CERVECERÍA LA SUREÑA
塞维利亚都市阳伞

大蘑菇观景台

这座“都市阳伞”不只造型特殊，功能也一应俱全。以前，这里是菜市场；现在，一楼空间仍然是菜市场，只是变得有冷气又干净，让购物变得非常舒服。与广场周遭店家相连的部分，被规划为餐厅与酒吧，让广场的商机得以扩大，实现双赢。“大蘑菇”顶端，毫无疑问，就成了欣赏塞维利亚景色最棒的观景台，居高临下，可以“从伞顶看见屋顶”。

真正能够亲临现场，体会它犹如超大玩具积木的造型与夸张尺度，又感受它与邻里间的紧密联结，内心受到的震撼与得到的收获相当大。

原来，老城市仍然可以通过沟通与合作来接受新设计，重点是如何用对方法，让反对者最后也能成为参与者。

大蘑菇空中步道

充满未来感的“大蘑菇”

瑞典 / 斯德哥尔摩
丹麦 / 哥本哈根
英国 / 伦敦、利物浦、
格拉斯哥
荷兰
法国 / 巴黎、马赛
意大利 / 米兰
西班牙 / 巴塞罗那、塞维利亚
阿联酋 / 迪拜

第五章

亚欧 10 国的低碳公共交通设施

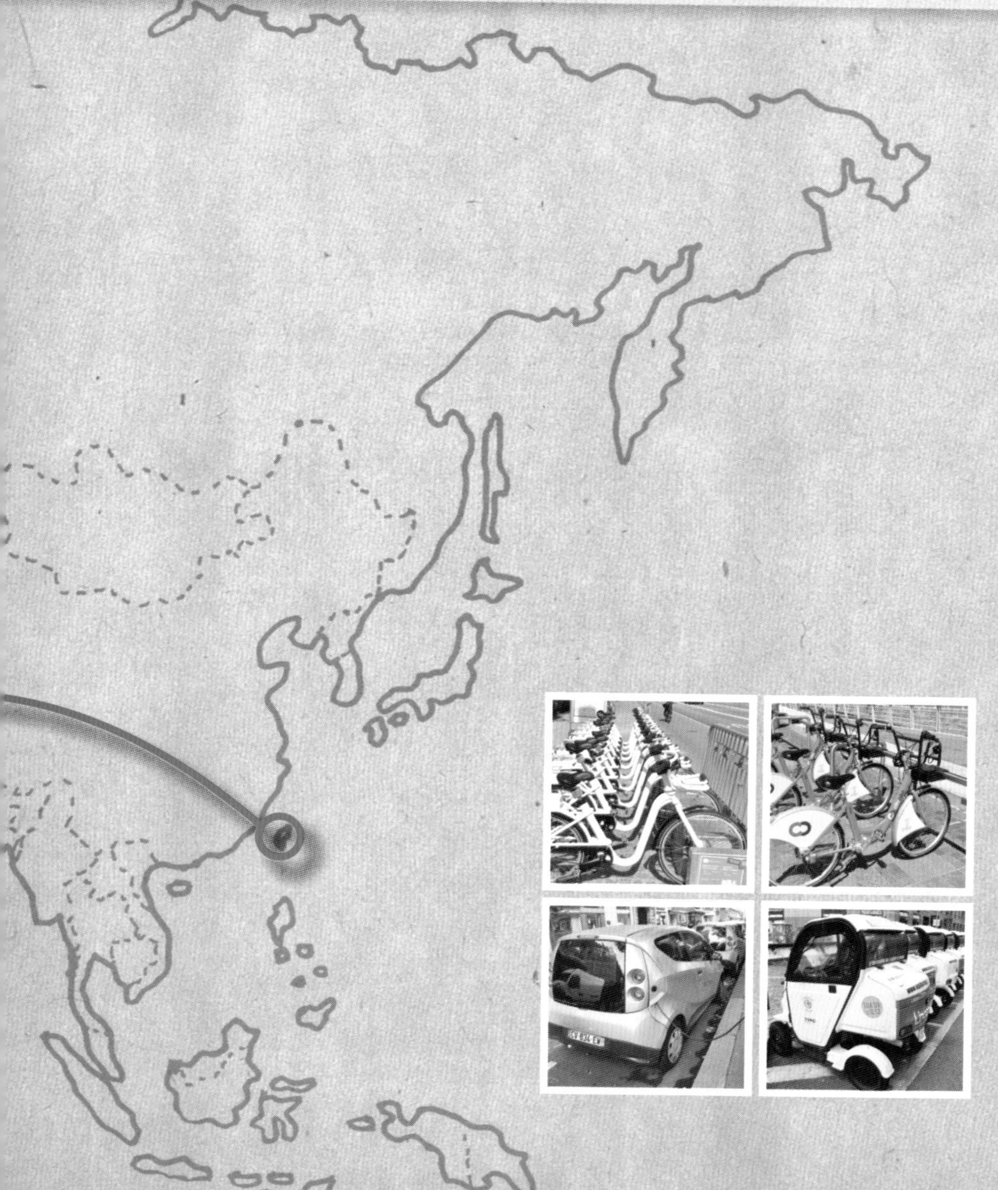

城市新形象的公共脚踏车系统

公共脚踏车系统

脚踏车（又称单车），无论对外来访客，还是当地居民，都是一种能够各取所需，又容易与其他公共运输系统相辅相成的交通工具。相比其他交通工具，脚踏车在减少温室气体排放上，有绝对优势。如今，“低碳运输，绿色生活”观念普及，世界各城市如雨后春笋般全力建置公共脚踏车系统。不仅方便城市居民日常通勤，也能有效延伸观光触角。

不同城市的公共脚踏车各有特色。我有机会体验 15 座城市的不同系统，借此简单描述比较，抛砖引玉，让你我有机会思考，如何让未来的公共脚踏车系统变得更好。

我将针对舒适性、便利性、经济性、时效性、可及性、美观性这六点，简述我在各国城市体验公共脚踏车系统的心得。

丹麦哥本哈根的智慧单车

对北欧国家来说，单车是男女老少必备的通勤工具。早在上海世博会时，丹麦就以“单车城市”为展览主题。来到哥本哈根，亲眼见到当今世界上最高规格

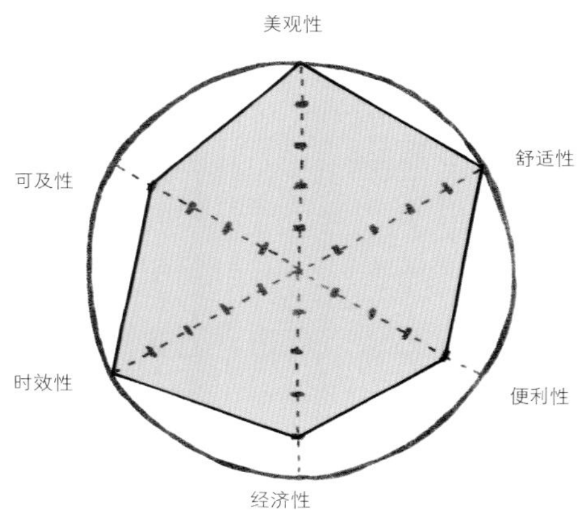

哥本哈根系统分析图

哥本哈根公共脚踏车

哥本哈根公共脚踏车把手

哥本哈根公共脚踏车触控屏

哥本哈根自行车道一景

的公共脚踏车系统，觉得果然名不虚传。

全白车身，各自配备触控屏。借车、还车、找寻还车站、城市导览导航、景点美食搜寻功能，一应俱全。如此贴心设计，哪怕是第一次造访哥本哈根，也可以悠游自在旅行。

这款高级单车，一开始上路会觉得踏板沉重，但是随即就变得轻松，因为轮轴中间有电子马达辅助加速；相对的，速度过快也会自动减速，这种设计是目前世界其他城市望尘莫及的。

在哥本哈根“上路”，很明显感觉周遭车速缓慢，来往的人嘴角都挂着亲切微笑，脸上都带着几分悠闲，似乎不是赶路前往目的地，而是享受骑乘的当下。

斯德哥尔摩公共脚踏车

大小轮设计

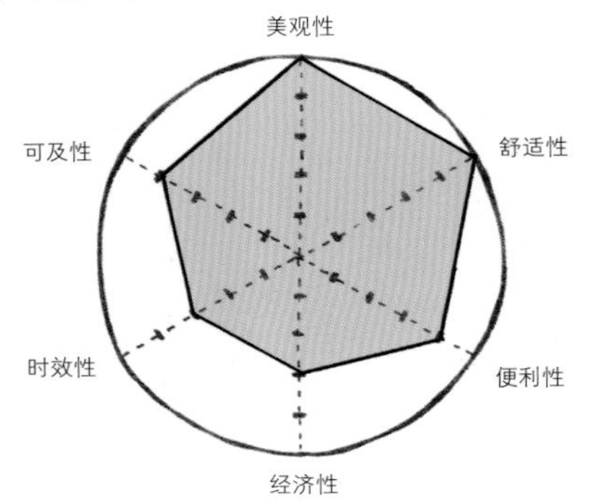

斯德哥尔摩系统分析图

这套高规格系统造价昂贵，哥本哈根可以说是独步全球。或许相对其他城市来说，光是应付市民的恶意破坏，就足以让原本的美意大打折扣。

瑞典斯德哥尔摩，西班牙巴塞罗那的孪生兄弟

不同国家的脚踏车系统，也会有孪生兄弟！瑞典斯德哥尔摩与西班牙巴塞罗那，两座风格截然不同的城市，却选用了相同的城市公共脚踏车系统。

这套系统的优点是采取“大小轮”设计，可以增加操作灵活度。缺点是，由于租借站都由单一主机统一操作借、还车，在尖峰时段或是景点大站，总是大排长龙。比起独立基座系统，明显浪费时间。

在斯德哥尔摩骑车，要格外留心时间及附近租车站，因为每次骑乘不能超过 3 小时，超时要负担高额罚款，但是 3 小时内还车则重新起算。另外，租车的选择由计算机决定，若是不喜欢，只能再次还车碰运气。由于没有单次使用的服务，加上无法信用卡扣款，只适合停留三天以上的游客使用，无法单次使用。

相对来说，巴塞罗那则更不平易近人。因为要成为使用者，必须先向政府提出申请，采

用会员制，期限一年。游客只能看着规划完善的系统，却无法享受驰骋的乐趣。

大不列颠的公共脚踏车形态（伦敦、利物浦、格拉斯哥）

在交通运输发展方面，英国一直都保有鲜明特色。我的旅程中，分别体验了伦敦、利物浦与格拉斯哥的公共脚踏车。

伦敦的公共脚踏车，车身原为深蓝、天空蓝两色，成为街头上与红色双层巴士相辉映的亮点。新型车身已于 2015 年 3 月改为红色。

租借方式自成一格。长期会员通过特制电子锁，如钥匙般插入独立基座后借车。单次租借则步骤繁复，每次操作都得印一张“密码纸”，必须另外在停车基座旁输入后借车，使用后即失效，因而增加了环境成本。

伦敦采用软硬兼施的手法，提高脚踏车的使用率及周转率。对长期会员有租金优惠，对短期会员则推出一张信用卡可租四部车的方案。另外，制订出差异极大的差别费率，鼓励短程，用高费率降低久借不还的比例。

大伦敦地区设站绵密，机台旁的小地图十分贴心，会注记半径为 15 分钟以内的骑乘范围，对于控制还车时间来说，极为方便。实际上路，只能说市中心区发展单车交通有先

巴塞罗那公共脚踏车

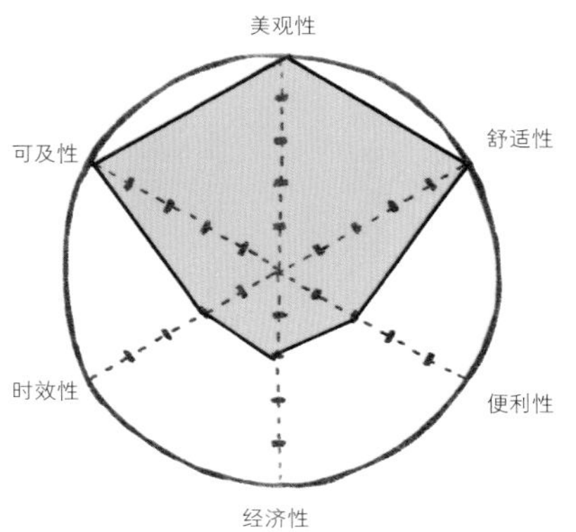

巴塞罗那系统分析图

伦敦公共脚踏车

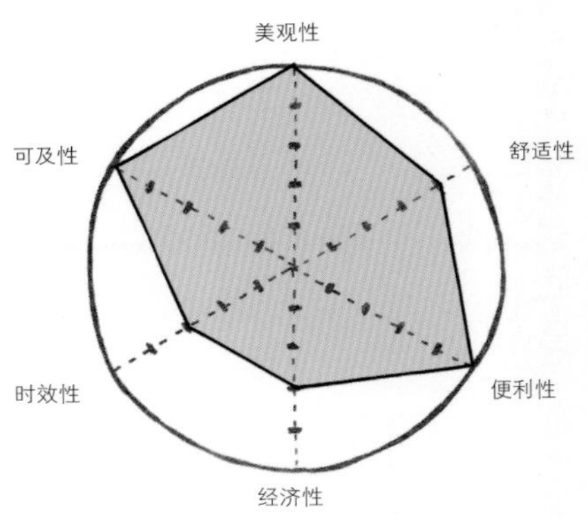

伦敦系统分析图

天限制。由于伦敦街道拥挤，许多道路挪不出空间用作自行车道，脚踏车时常穿梭于汽车之间。

利物浦，对于公共脚踏车的建设也不遗余力。翠绿色车身、醒目的太阳能板是其特色。简化的租借步骤搭配多元租借选择，提供一天、一周及一年的方案，以便市民与游客灵活选择。实际体验后发现，由于利物浦的公共运输以地面交通为主，多元的租赁选择，搭配规划完善的自行车道，对于鼓励民众多加使用非常有帮助。

停车基座的密码解锁与维修呼叫键

密码纸

格拉斯哥，作为苏格兰最大城市，其公共脚踏车系统是我所看过最草率的系统。简单将单车用大锁

利物浦公共脚踏车

利物浦公共脚踏车租借面板

格拉斯哥公共脚踏车

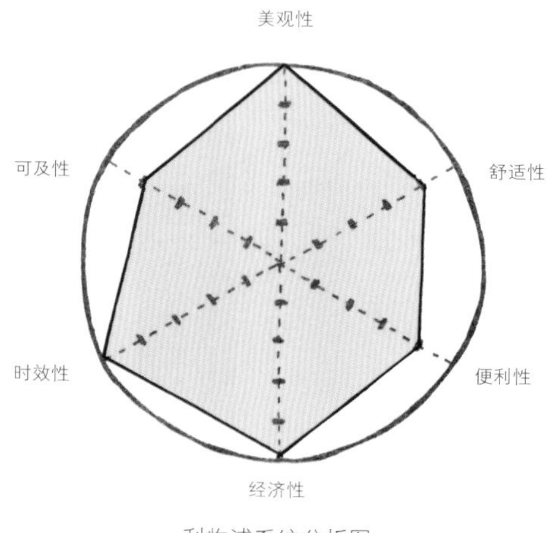

利物浦系统分析图

格拉斯哥系统分析图

巴黎公共脚踏车操作面板（正面）

巴黎公共脚踏车

停车独立基座

拴在不锈钢架上，杂乱无章！租借由 APP 在线操作，游客在网络不方便的情况下，无法使用，极为不便。

综观英国，可归纳为伦敦的细腻，利物浦的多元，以及格拉斯哥的草率。如此大的反差，值得其他城市思考。

法国系统的单车形态（法国巴黎、马赛以及西班牙塞维利亚）

巴黎公共脚踏车系统与其他城市最不同之处在于“低调”。绝大多数城市无不在脚踏车的选色上别出心裁，但是巴黎在城市整体色调的和谐控管上，有特殊的坚持。

为了提高周转率，巴黎通过有效率的租借模式，让游客与市民都能便利使用。在市区内任何一个租车站都可以简单操作成为会员，分为一天、一周与长期会员。短期会员通过机器面板操作，输入密码

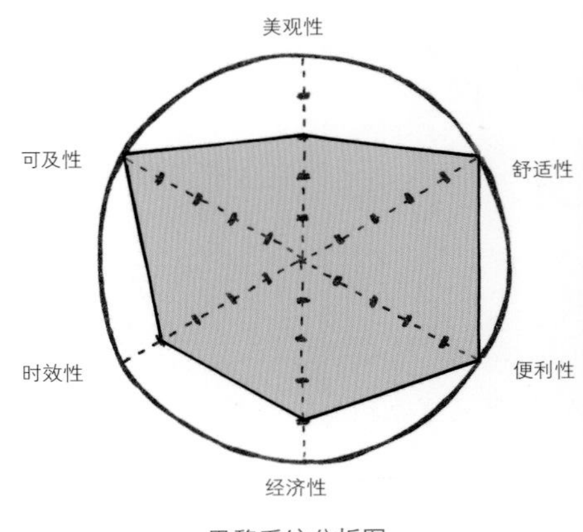

巴黎系统分析图

马赛公共脚踏车

西班牙塞维利亚公共脚踏车

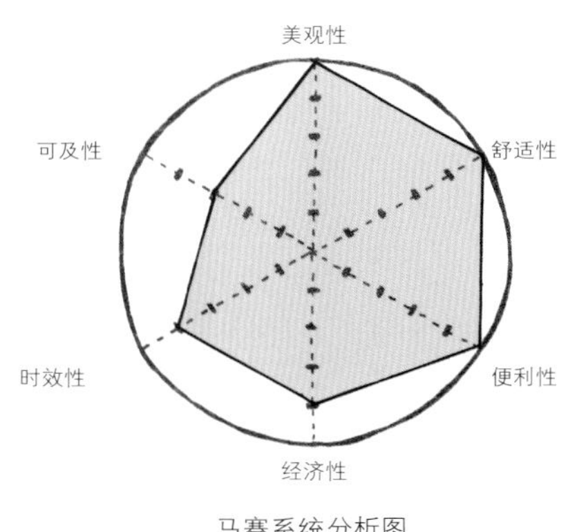

马赛系统分析图

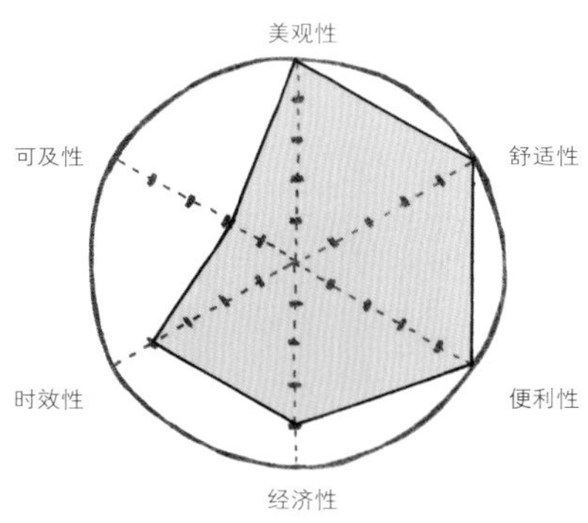

塞维利亚系统分析图

便可借车。长期会员则通过感应卡便捷借车。通过租借方式分流，简化流程，让人们可以更快速且就近到达市区各处，这也是巴黎公共脚踏车系统如此受欢迎的原因。

以如此经济实惠的方式畅游巴黎，让探索更为细致深入。骑车穿梭增加了速度感，但是丝毫不减美感。巴黎的道路本身就规划完善，无论是慢速穿越香榭丽舍大道，悠游塞纳河畔，还是徜徉阳光绿树间，都是品味巴黎的一种方式。

毋庸讳言，巴黎也有一项残酷事实：总是有人专门搞破坏，故意给轮胎漏气、剪断刹车、恶意拆除坐垫。如此不文明的举动，在巴黎却屡见不鲜。

巴黎的脚踏车系统也有孪生兄弟：南法马赛的车身选择海洋意象的蓝，西班牙塞维利亚则选用热情鲜红色。虽然是同样系统，但租车站的建置密度，却与巴黎有着天壤之别，使用人数明显减少。由此更可证明，公共脚踏车系统成功与否，与租借站密度绝对有关。

意大利米兰的时尚单车

米兰，向来以流行时装闻名全球。作为 2015 年的世界博览会主办城市，自然也全力发展城市公共脚踏车系统。

米兰的脚踏车造型时尚，搭配漂亮的小麦色车身，结合米黄色造型挡雨板，即便不骑，停放在路边也赏心悦目。

租借系统方面，脚踏车的固定方式类似瑞典斯德哥尔摩，由一台主机控管租借站内的所有车辆。租车之前要在网络上申请成为会员，同样分为短期的一天、一周，以及长

街头的时尚美景

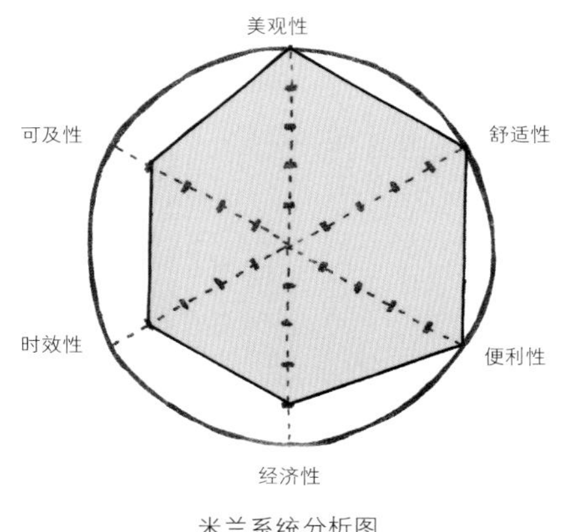

米兰系统分析图

米兰公共脚踏车

期的一年会员。在线申请取得密码之后，所有的租借操作程序和巴黎系统相同，也有 30 分钟免费、之后费用按照租借时间累计的规定。如果说，要让骑公共脚踏车变成一种时尚，那么米兰主打的“典雅单车”路线，的确让人跃跃欲试。

迪拜的单车初试啼声

炙热、干燥的迪拜，一座连公交车候车亭都会加装冷气设备的城市，竟然也愿意投资公共脚踏车。

当今世界第一高楼“哈利法塔”、最大购物中心“迪拜购物中心”（Dubai Mall）、周遭附属饭店与联合开发的住宅大楼群，全部环绕着沙漠中开凿出的广阔人工湖。

为了让人潮可以更便捷地在周遭建筑物之间穿梭，在人工湖周边象征性地设置了公共脚踏车系统，让人得以在棕榈树影之间，穿梭沙漠绿洲，欣赏大楼的雄姿。

淡蓝色车身，对比周遭炎热，视觉上更显沁凉。短期使用的游客可以通过信用卡借车，享有半小时免费优惠，而长期会员则通过感应卡快速借车。

迪拜的公共脚踏车，现阶段来看或许象征意义大过实质意义。但更乐观的期许是，它可以成为标杆，慢慢在阿拉伯世界推广，成为超跑之外的另一项城市交通选择。

迪拜公共脚踏车

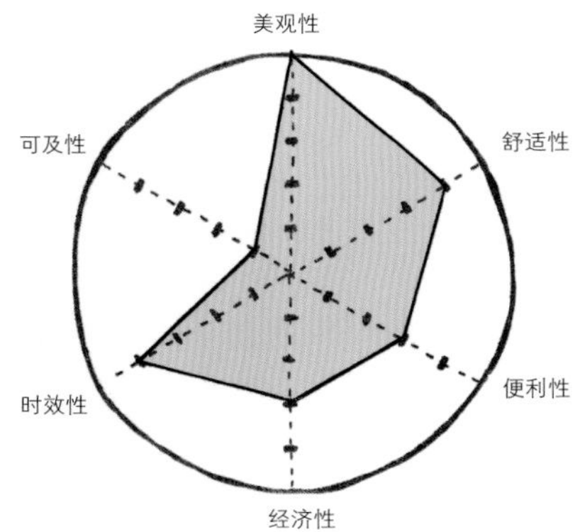

迪拜系统分析图

荷兰的雨中单车体验

荷兰作为举世闻名的单车王国，连公共脚踏车系统的建置逻辑，都与其他国家不同。

马路专属于汽车、摩托车，对我们来说习以为常。在荷兰，脚踏车才拥有最大路权。汽车礼让行人，但是行人却要礼让脚踏车。从一组数据的比较，更可看出荷兰对单车的重视：我们台湾地区一个家庭有两辆摩托车，稀松平常；荷兰各个地区则是一个人通常有两辆单车，一辆上下班

红色柏油路面的脚踏车道，顺畅连接荷兰全境

荷兰街头骑士一景

规划完善的车道系统

通勤，一辆假日休闲。

道路两边，划设双向通行的脚踏车道。全国统一的红色柏油路面，几乎没有城乡之分。从任何一个路口出发，都可以通过有专用路权的脚踏车道，顺畅地到达荷兰全境。荷兰脚踏车道，建构在国家整体交通运输网之下，与铁路、高速公路、马路享有同样位阶的基础建设。

既然脚踏车道属于国家基础建设，那么公共脚踏车系统，必然也会跳脱“城市”层次，而以“国家”格局思考。荷兰以“单车—火车—单车”为思考主轴，通过火车串联全国，

近郊温室

经过近郊时看见牛羊

借由单车连接城市。因此，荷兰的公共脚踏车系统，委由国家铁路公司经营，全国大小车站设点绵密，采用与火车相同的“黄、蓝”对比配色，为民众提供服务。

“单车城市”的美名，荷兰留给其他国家的城市竞相争夺；“单车国家”的尊称，非荷兰莫属，目前全世界无出其右者。

在荷兰骑乘脚踏车的体验，不同于其他国家，值得细细品味。分享一则小故事，是我在鹿特丹与代尔夫特之间的骑乘体验。透过文字，一窥对于在荷兰骑脚踏车的无限想象。

从代尔夫特到鹿特丹，感受从城市到乡村再到城市的沿途风光变化。在这单程大约 20 千米的路程中，我对荷兰脚踏车的记忆刻骨铭心。

从北海挟带冷空气吹拂而来的强风，伴随着丰沛水汽，使间歇性大雨不停地下，让我一度有想放弃骑车去鹿特丹的念头。所幸，一阵实时雨后再度天晴，我便不再犹豫，立刻上路。

辽阔的泛滥平原旁，住宅区依水道而建，真的是“家家门前有小河”。紧邻住宅区的是一排排规划完善的温室，不时会有羊群、牛群在一旁吃草。这样的城乡空间分布，代表着荷兰人致力控制城市扩张的决心，让保留下来的绿地和水域，只得到最低限度的利用。

脚踏车道，时而与运河并行，时而与公路立体交错。有时河道水面在脚边，有时水面又会因为坡度下降而与胸口同高。穿越运河，也会有类似火车的平交道，只是要等待通过的不是火车，而是水道上的货船。看着桥面缓缓抬升，或是缓慢旋转让出河道，让等待船行的漫长过程，也成了一种享受。

慢慢骑进市区，来到鹿特丹，脚踏车道渐渐开始与轻轨电车、汽车、行人并行。虽然鹿特丹市区高楼林立，各种交通工具却仍旧井然有序。光是这一点，就值得我们多加学习。

返程时，一路沿着大运河往上游前进，骑回代尔夫特。糟糕的是，此时北边天空再次乌云密布。身心俱疲的我一心想着尽早回去，不愿多停留。于是全副武装，换上雨衣，披上防水布，咬着牙，逆着超强风，冒着大雨，使劲地踩着脚踏车前进。

此行中最戏剧性的一刻，发生在一片毫无遮蔽的草原旁！眼前忽然一道闪电，伴随阵阵雷声，夹杂着斜角超过 45º 的暴雨。早已汗水雨水分不清的我，顾不得一身湿，不敢停歇，奋力向前踩。没承想，天空除了下雨，还降下粒粒冰雹。一颗，两颗，无数颗；滴答，滴答，噼里啪啦，往我身上不停拍打。此情此景，人生难得一见，我没有停下，任冰雹恣意打在身上。痛，也得忍着。我一边骑，一边笑，满脑子想着苏轼的著名词作《定风坡》，领受着“多么痛的领悟”。

好不容易回到代尔夫特，已是一身狼狈，却发现天空竟然风和日丽，阳光普照。刚才冰雹雨的刺痛感受仍记忆犹新，此刻阳光就已经刺得人睁不开眼睛了。

不禁觉得荷兰的天气跟我开了一个大玩笑！不过，无妨！毕竟痛苦过后的美丽才更值得珍惜。蓦然回首，看着天边绽放的七色彩虹，我又笑了。“不经一番冰雹打，哪得彩虹身后照”。全身湿透，我没有任何抱怨，满心欢喜地感谢在荷兰所发生的一切。

荷兰的脚踏车道究竟有多么完善？真正骑在路上又是何等滋味？通过旅行，我的感受很“身”刻！

荷兰单车警察

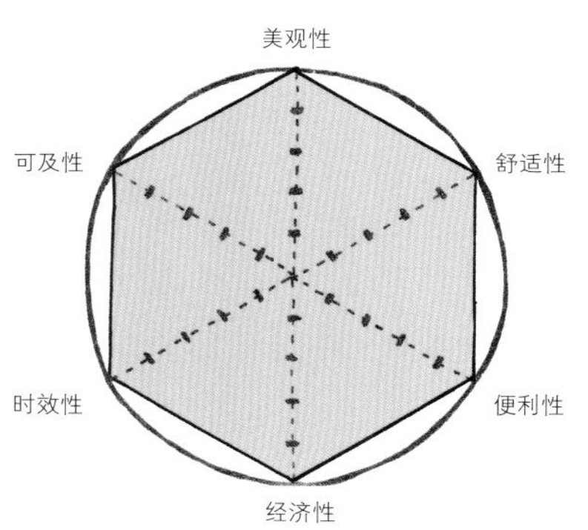

荷兰系统分析图

城市的公共电动车系统（巴黎、米兰）

巴黎公共电动车

相对于一般汽车，电动车具备低噪声、低温室气体排放的优点，近年来逐渐被推广。在欧洲，许多社区停车场、道路停车位，都会提供采取会员制的公共充电站，为使用电动车的民众提供服务。

平时没有汽车使用需求，但是特定情况，需要利用汽车往返市中心与近郊时，既不想负担昂贵租车费用，也想同时兼顾环保，人们能够有什么新选择？在巴黎和米兰，我看见了城市未来的新途径。

公共电动车租借系统，类似公共脚踏车的运作概念，让人可以甲站借，乙站还，用相对低廉的费用，驾驶电动车，“安静地”在城市马路上移动。使用完毕，只需要将充电器与车子连接，便可安心离开，不需要担心车子的安危。

法国巴黎是世界上第一座推出公共电动车租借系统的城市。这是继成功推出公共脚踏车后，另一项重要交通革新，名为“Autolib”。意大利米兰借由举办世界博览会的机会，全力更新城市基础设施，其中也包括造型抢眼的公共电动车系统，名为“EQ Sharing”。

虽然，这样的公共运输系统让人兴奋，但很可惜我不曾使用过。仅能依照所见所闻，从都市观察的尺度着手，描述个人观察。

比较电动车的造型，可以发现城市之间的思考逻辑明显不同。巴黎强调功能，其电动车类似一般汽车，最多可乘坐四人；铁灰色调，造型简洁，趋向低调，维持巴黎市容整体和谐感，与公共脚踏车有异曲同工之妙。米兰的电动车造型则充满未来感，小巧可爱，限乘两人；白底绿边的配色，让人耳目一新，呼应世博会形象，展现米兰新活力，是城市的最佳代言人。

巴黎公共电动车充电基座

再来比较租借站的建置。巴黎系统因为车辆大小和小型汽车相同，所以租车站的设置地点，以大街旁巷弄的停车位改建，一个租车站可停放四至六辆不等的电动车，每个停车位拥有独立充电基座。由于腹地受限，容易发生市区租借站一位难求的状况。米兰系统由于车辆轻巧，可以采用垂直并排的停车方式，节省空间，一个租借站可以停放六至八辆车，减少无车可租或无处还车的情况；充电设备则全部连接共同主机，类似公共脚踏车系统。

另外，从建置地点的密度来看，巴黎系统在市区内分布均匀，使用者可以选择借还车的地点较多。米兰系统则不然，市中心区的租借站仅五处，其他则分布在大米兰地区，虽然总体租借站有一定数量，但是开车进入市中心区的灵活度，明显不如巴黎。

硬件之外，软件也是使用者最注重的部分。巴黎系统由于配备有触控屏，导航、电量信息、邻近还车站搜寻等，都可以轻易通过屏幕操作。米兰系统则受限于车身尺寸，内装简单，需要额外通过手机 APP 才能取得路线信息，这是与巴黎的不同之处。

总而言之，虽然巴黎与米兰已经将公共电动车具体建置，但是通过比较，仍然可以发现诸多待改善之处。究竟这套系统能为城市的交通习惯带来多少改变？抑或只是昙花一现？一切都只是开始，仍需观察。相信未来会有更多城市跟进与完善，让有效降低温室气体排放的公共电动车系统可以在世界各地有更多的发展空间。

米兰公共电动车

米兰公共电动车

巴黎公共电动车

米兰公共电动车充电基座

结语

让别人自愿成为你的“股东”

一个个社区、一座座城市、一个个国家，不同环境、不同气候条件下的人们，正在为了一个共同的信念而努力：试图找出与地球永续共存的发展之道。

在全球化的推动之下，没有哪个国家的人民可以置身事外，仅靠一己之力得以生存。这是因为，有可能仅仅一偏乡开发工程所产生的环境冲击，就会间接造成温室气体的严重排放，进而加速全球变暖的脚步。

事实上，联合国报告已指出，在21世纪末，全世界将有八成人口往都市集中。这也意味着现今世界各大都市的腹地会必然地扩张，原本广大的农村也有机会快速地城镇化，随之而来的开发与投资，会持续地在世界各地展开。想想看，若是每一个开发案，都把局部利益凌驾在共同环境利益之上，那么人类不用等到全球变暖不可逆转之日，就已先被日趋严重的大自然反扑事件搞得人仰马翻，更不用设想人类文明将在地球上永续发展。

我的旅行初衷，是希望通过游历世界各国，观察不同国家对于永续设计所做的努力与所采用的方法，从中找出可资参考借鉴的信息。在此过程中，的确看到诸多令人赞许的巧思，但并不一定完全适用于我们自身的环境条件。不过，随着走访国家慢慢增多和观察案例渐渐累积，我发现，其实在所有技术与方法之外，还有最为珍贵的一条途径，既超越国界，也不分人种，不受语言限制，那就是分享与认同的力量。

我在世界各地走访观察期间，很幸运且不间断地受到各国好心人帮助，尤其在各国视为标杆的永续环境社区，更是相继受到当地民众热情接待。每一位帮助过我的人，起心动念并无他求，只是单纯希望将自己社区或国家在永续环境方面的努力成果，无私地与他人分享；他们不只希望自己好，而且希望造福于地球不同角落愈来愈多的人，从而实现“共好”。

发自于内心的分享意愿，是产生改变的第一步。但是，个人的力量毕竟有限。要产生足以改变现状的能量，需要更多人从心底认为“地球的永续发展”是重要的，如此一来，它才能成为普遍价值，而不需要被刻意提起。

旅行之初，走访荷兰代尔夫特时，有幸与当地华人留学生芸翠和谊千深谈，深刻领会荷兰在工程与环境方面的思考逻辑。一则小故事深深影响着我，也让我在后续旅程得到各国朋友诸多帮忙后，更加认清分享的必要及借力使力的重要。这则故事是这样的：

荷兰过去的别称是“低地国”，几百年来这片土地上的人们思考着如何战胜自然，绞尽脑汁想出各种工程方法，试图将海水抵挡在堤防之外，与水争地，从无到有创造自己的生存空间。因此，风车、运河、堤防、桥梁、圩田，成了荷兰几百年来的工程代表作。

但是，大约在20世纪中叶，随着气候环境改变，大洪水造成的经济与生命损失迫使荷兰人重新思考：不断地修筑加固堤防是否真能一劳永逸地防止水患？一连串的研究与讨论，让荷兰的治水方向大转变，开始划定防洪平原，一旦遭遇大水，就让部分土地淹没，还地于水。

“还地于水”说起来豪迈，实际执行起来谈何容易！要原本已经在土地上安身立命的民众搬迁，而为的只是不知道哪一天会发生的大洪水。因此，计划推动初期困难重重，荷兰政府在搬迁计划与划定防洪区的拉扯之间，着实费了好一番功夫。经过多年努力，原本居住在防洪区内的居民终于另觅他处，开启新的生活，而防洪区的土地也确实在几次大洪水中扮演了重要角色。时至今日，这个计划已成为在荷兰专修工程的人必读的案例，也就是著名的“三角洲计划”。

听完这则故事的我，最想知道的是，荷兰政府究竟用什么方法让民众愿意搬离其原本熟悉的土地？同样的问题，谊千也问过他的老师。他的老师是这么回答的：“要让民众自愿成为你的股东。”

这句话代表着“双赢”。政府不是只摆出洋洋洒洒的数据就让民众搬离家园，而是通过一次又一次双向的沟通，让防洪区内的居民明白，自己的搬迁对于整个国家治水对策的正面意义，因“认同理念”而减少对立并主动参与，成为新治水政策的“股东”而自愿搬迁。当然，对荷兰政府而言，安置搬迁民众的费用是一笔相当可观的开销，不过比起洪水所造成的巨大损失，这样的投资显然非常值得。

永续环境是否重要？各行各业的每个人，你和我也要开始思考：自身产业如何能够为控制“气候变化，全球变暖”尽一已之力。在永续环境的前提之下，通过设计让环境更美好，也是我们这一代环境工作者所必须具备的观念与态度。

希望这本书所描述的种种旅行观察，可以通过无远弗届的分享力量，在你我心中埋下“思考永续环境”的种子。期待不久的将来，我们每个人都能够自愿成为打造永续环境的“股东”。